Moriello's 小动物皮肤病学案例快速回顾手册

（第2版）

Moriello's Small Animal Dermatology Fundamental Cases and Concepts:
Self-Assessment Color Review, Second Edition

主编：［美］达伦·J. 伯杰（Darren J.Berger）

主译：张兆霞　侯忠勇　孙春雨

长江出版传媒

湖北科学技术出版社

Moriello's Small Animal Dermatology Fundamental Cases and Concepts: Self-Assessment Color Review, Second Edition / by Darren J. Berger / ISBN: 978-0-8153-7154-0

著作权合同登记号：图字 17–2023–079 号

图书在版编目（CIP）数据

Moriello's 小动物皮肤病学案例快速回顾手册：第 2 版 /（美）达伦·J. 伯杰（Darren J. Berger）主编；张兆霞，侯忠勇，孙春雨主译 . —武汉：湖北科学技术出版社，2023.8
ISBN 978–7–5706–2534–5

Ⅰ.① M… Ⅱ.①达… ②张… ③侯… ④孙… Ⅲ.①动物疾病 – 皮肤病 – 病案 – 手册 Ⅳ.① S857.5–62

中国国家版本馆 CIP 数据核字（2023）第 079565 号

Moriello's 小动物皮肤病学案例快速回顾手册（第 2 版）
Moriello's XIAO DONGWU PIFUBINGXUE ANLI KUAISU HUIGU SHOUCE (DI 2 Ban)

策　　划：林　潇　李少莉
责任编辑：李子皓　　　　　　　　　　　　　封面设计：曾雅明　北农阳光

出版发行：湖北科学技术出版社　　　　　　　　　　　电话：027-87679468
地　　址：武汉市雄楚大街 268 号　　　　　　　　　　邮编：430070
　　　　　（湖北出版文化城 B 座 13-14 层）

印　　刷：河北华商印刷有限公司　　　　　　　　　　邮编：072750

889×1194　　　　　　　1/16　　　　　　　10 印张　　　　　　　340 千字
2023 年 8 月第 1 版　　　　　　　　　　　　　　　　2023 年 8 月第 1 次印刷
　　　　　　　　　　　　　　　　　　　　　　　　　定价：498.00 元（全 4 册）

本书如有印装质量问题　可找承印厂更换

译 委 会

主　　译：张兆霞　侯忠勇　孙春雨

副 主 译：唐玉洁　黄　欣　辛　良　刘　伟　陈学风

参译人员：（按拼音字母排序）

陈宋杰　关　珊　黄　薇　姜　晶　缴　莹

康　建　李　娜　李丹丹　李浩运　林嘉宝

刘　敬　吕同刚　尹聪聪　汪　丽　王　佳

王　莹　王郑琦　薛增彬

主　　审：张　迪

致 Krissy、Gaby 和 Quinn，一切因你们而来，一切为你们而来。

致谢

非常感谢下列人员，因为他们影响了我对兽医的思考方式，贡献了图像和案例资料，以及对本书内容提供了重要的建议。

Dr.Matthew T.Brewer，DVM，PhD，DACVM
爱荷华州立大学兽医学院

Dr.Christine L.Cain，VMD，DACVD
宾夕法尼亚大学兽医学院

Dr.Stephen D.Cole，VMD，MS，DACVM
宾夕法尼亚大学兽医学院

Dr.Kimberly S.Coyner，DVM，DACVD
动物皮肤科诊所

Dr.Alison B.Diesel，DVM，DACVD
德克萨斯州农工大学兽医学院

Dr.Michael J.Forret，DVM
高地公园动物医院

Dr.Shannon Hostetter，DVM，PhD，DACVP
佐治亚州大学兽医学院

Dr.Thomas P.Lewis Ⅱ，DVM，DACVD
动物皮肤病学

Dr.Shelley C.Rankin，PhD
宾夕法尼亚大学兽医学院

Dr.Karen A.Moriello，DVM，DACVD
威斯康星大学 - 麦迪逊分校兽医学院

Dr.James O.Noxon，DVM，DACVD
爱荷华州立大学兽医学院

Dr.Anthea E.Schick，DVM，DACVD
动物皮肤病学

Dr.Austin K.Viall，DVM，MS，DACVP
爱荷华州立大学兽医学院

病例分类

过敏性：病例 11、病例 20、病例 32、病例 39、病例 42、病例 45、病例 51、病例 53、病例 54、病例 62、病例 65、病例 68、病例 69、病例 78、病例 85、病例 94、病例 100、病例 103、病例 105、病例 115、病例 117、病例 125、病例 134、病例 146、病例 148、病例 157、病例 175、病例 176、病例 179、病例 187、病例 195、病例 201、病例 207

脱毛：病例 4、病例 17、病例 29、病例 35、病例 47、病例 67、病例 80、病例 83、病例 111、病例 151、病例 177、病例 188、病例 199、病例 205

自体免疫性：病例 26、病例 56、病例 60、病例 63、病例 102、病例 118、病例 130、病例 153、病例 171、病例 186、病例 198

细菌性：病例 5、病例 18、病例 28、病例 33、病例 38、病例 64、病例 65、病例 76、病例 77、病例 91、病例 107、病例 113、病例 122、病例 126、病例 132、病例 137、病例 146、病例 152、病例 158、病例 174、病例 182、病例 203

先天性或品种相关性问题：病例 7、病例 17、病例 22、病例 29、病例 44、病例 67、病例 80、病例 106、病例 118、病例 130、病例 135、病例 141、病例 142、病例 183、病例 185

细胞学：病例 3、病例 5、病例 12、病例 43、病例 59、病例 72、病例 86、病例 87、病例 93、病例 102、病例 104、病例 109、病例 114、病例 119、病例 128、病例 133、病例 148、病例 158、病例 165、病例 166、病例 176、病例 186、病例 191、病例 196、病例 203、病例 204、病例 205

诊断性技术：病例 1、病例 6、病例 14、病例 22、病例 25、病例 34、病例 48、病例 52、病例 77、病例 81、病例 88、病例 98、病例 107、病例 121、病例 143、病例 150、病例 155、病例 162、病例 167、病例 173、病例 174、病例 180、病例 183、病例 192

内分泌性：病例 21、病例 67、病例 70、病例 111、病例 161、病例 193、病例 199

真菌性：病例 2、病例 3、病例 13、病例 34、病例 51、病例 56、病例 66、病例 92、病例 93、病例 109、病例 121、病例 146、病例 159、病例 166、病例 190、病例 191

角化异常：病例 15、病例 39、病例 101、病例 115、病例 141、病例 142、病例 169、病例 170

杂项：病例 36、病例 44、病例 50、病例 53、病例 61、病例 68、病例 74、病例 83、病例 84、病例 110、病例 127、病例 135、病例 145、病例 153、病例 162、病例 168、病例 169、病例 170、病例 184、病例 185、病例 193、病例 194、病例 202

肿瘤：病例 16、病例 43、病例 46、病例 73、病例 97、病例 149、病例 160、病例 181、病例 204

营养性：病例 7、病例 23

耳炎：病例 22、病例 46、病例 50、病例 61、病例 87、病例 95、病例 112、病例 129、病例 155、病例 168、病例 197

寄生虫：病例 1、病例 6、病例 8、病例 9、病例 19、病例 24、病例 30、病例 32、病例 33、病例 37、病例 39、病例 40、病例 42、病例 45、病例 47、病例 54、病例 57、病例 62、病例 71、病例 72、病例 79、病例 88、病例 89、病例 96、病例 105、病例 106、病例 114、病例 123、病例 124、病例 131、病例 138、病例 139、病例 156、病例 172、病例 179、病例 183、病例 189、病例 201、病例 206

药理学和治疗学：病例 10、病例 23、病例 27、病例 28、病例 41、病例 55、病例 58、病例 63、病例 75、病例 76、病例 82、病例 90、病例 95、病例 99、病例 100、病例 108、病例 113、病例 116、病例 120、病例 136、病例 140、病例 144、病例 147、病例 148、病例 153、病例 154、病例 161、病例 164、病例 174、病例 178、病例 187、病例 200

结构和功能：病例 31、病例 49、病例 129

目录

病例 1：问题　一只 16 周龄的雌性混血品种幼犬发现严重掉毛和痂皮。体格检查发现弥散性脱毛和红斑，并伴有丘疹、脓疱和结痂（图 1.1、图 1.2），同时存在全身性淋巴结病。根据这些临床表现，你怀疑该幼犬患有全身性蠕形螨病。

有哪些诊断技术可以用来证明该患犬有螨虫？

图 1.1　弥散性脱毛和红斑，并伴有丘疹、脓疱和结痂（正面）

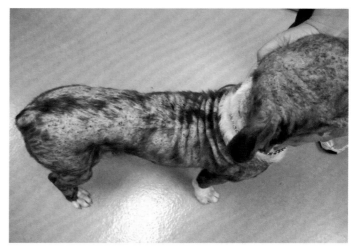

图 1.2　弥散性脱毛和红斑，并伴有丘疹、脓疱和结痂（背侧面）

病例 1：回答　皮肤刮片是证明蠕形螨存在的金标准。之前作者们已经讨论了"深层刮片"（造成毛细血管出血）的必要性，现在看来可能并不需要这样操作，而且可能导致不必要的皮肤创伤。作者认为，该技术重要的是在刮片前对取样区域进行按摩或挤压，而不是刮片的深度。首先剃除或分开被毛，挤压皮肤，努力从毛囊中挤出螨虫，将矿物油涂抹在皮肤被挤压的部位，然后用手术刀刀片或刮刀约呈 90° 轻轻刮擦皮肤以获得样本。其次，将刮取收集的油和皮肤碎屑混合物放在一个干净的载玻片上，在混合物上面放置一个盖玻片。最后，在 4 倍或 10 倍显微镜下观察载玻片。也可以进行拔毛检查，适用于采集爪部或眼周区域的样本。这种技术的缺点是不如皮肤刮片敏感性高。因此，应对多个部位进行采样，以确保收集足够数量的被毛，以尽量降低出现假阴性结果的概率。检查脓疱或瘘管的渗出物可能会发现螨虫（图 1.3）。使用透明醋酸纤维胶带粘贴也可以发现蠕形螨（Pereira et al., 2012）。这项

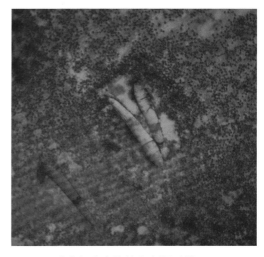

图 1.3　脓疱与渗出物检查出蠕形螨

技术特别强调了在取样前挤压皮肤的重要性。螨虫也可以通过活检发现，但我们一般不需要通过活检诊断，通常是临床医生最初没有怀疑蠕形螨病，而在活检中偶然发现。

病例 2：问题　来自美国中西部地区的一只 6 岁雄性去势可卡犬，因皮肤上有进行性不愈合伤口而就诊（图 2.1）。在 2 个月前首次发现病变，并且对头孢氨苄的抗菌治疗没有反应。患犬同时存在厌食及体重显著下降的症状。体格检查发现多个直径 1 ~ 2 cm 的结痂性结节，触诊时中度疼痛。去除结痂发现溃疡性瘘管，排出浓稠的脓性渗出物。此外，患犬存在全身性淋巴结病，听诊时呼吸音增强。患犬直肠温度正常，在检查中表现出安静和精神沉郁。

Ⅰ.该病例的鉴别诊断是什么？

图2.1 皮肤伤口不愈合的6岁可卡犬

Ⅱ.对该患犬来说，最合理的第一步诊断步骤是什么？

Ⅲ.假设病变和淋巴结病的原因尚未确定，应进行哪些其他诊断检查？

病例2：回答 Ⅰ.该犬的皮肤问题是多发性窦道结节。犬无法愈合的窦道结节的鉴别诊断比较困难，取决于年龄，包括蠕形螨病导致的疖病、感染性肉芽肿（细菌、分枝杆菌、真菌）、蜂窝织炎、药物不良反应、无菌结节性皮肤病（即无菌性结节性脂膜炎）、异物反应和肿瘤。同时出现的系统性疾病症状（厌食、精神沉郁、体重减轻和淋巴结病）提示皮肤病变继发于潜在的全身性感染、自身免疫性疾病或肿瘤。

Ⅱ.该患犬的第一个诊断步骤应该包括皮肤刮片，以排除蠕形螨病；进行压印涂片检查以寻找感染源；进行淋巴结细针抽吸，以确定淋巴结病是反应性的、肿瘤性的、还是感染性的。这些初步诊断检查操作简单，兽医经过练习可以很容易地进行。在许多情况下，这些简单的一线诊断方法可以提供明确的诊断并避免产生不必要的医疗费用。

Ⅲ.如果细胞学和细针抽吸不能检出病原体，接下来的诊断检查应包括皮肤活检采样以进行皮肤组织病理学检查和组织培养（细菌和真菌）、血清或尿液真菌检测，以及建立一个医学数据库（全血细胞计数、血清生化检查、尿液分析和影像学检查），以评估患犬的整体健康状况。

病例3 病例4

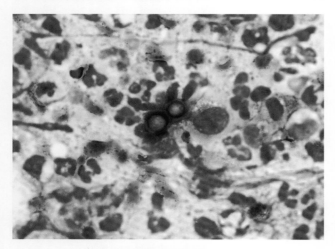

图3.1 可见大量炎性细胞和真菌孢子

病例3：问题 病例2中犬渗出物的压印涂片如图3.1所示。

Ⅰ.你的诊断是什么？治疗方案是什么？

Ⅱ.犬最可能通过什么途径感染这种微生物？这是人畜共患病吗？

Ⅲ.该病常累及哪些其他器官系统？这种疾病的预后如何？

病例3：回答 Ⅰ.芽生菌病。可见脓性肉芽肿性炎症和宽基厚壁出芽酵母菌。历史上，曾使用两性霉素B或酮康唑单药治疗或联合治疗。然而，目前三唑类（伊曲康唑和氟康唑）药物已成为首选药物，二者都比酮康唑更有效，且毒性远低于两性霉素B。最近的一项回顾性研究显示，氟康唑或伊曲康唑治疗效果和复发率与两性霉素B或酮康唑相似（Mazepa et al.，2011）。氟康唑的治疗时间更长（183天），而伊曲康唑的治疗时间为138天，但总体治疗成本明显更低。这些药物在犬中的起始剂量为5 mg/kg[氟康唑每12～24小时1次，PO（口服），伊曲康唑5～10 mg/kg，PO，q24 h]。

Ⅱ.芽生菌是一种双相真菌，属于土壤腐生菌，并在正常温度的组织中转化为酵母形式。这种生物喜欢特定的环境生态位。对该疾病暴发地区进行调查发现，似乎有4种常见的环境因素起作用，包括湿度、土壤类型（沙质和酸性）、存在野生动物和土壤破坏。腐烂的木材和动物排泄物似乎有助于真菌生长，这使得叠木坝等地点成为理想场所。感染方式是吸入环境中皮炎芽生菌孢子。犬比人更容易感染这种疾病。

该疾病的人畜共患风险有限，大多数动物传染给人的病例是创伤性接种造成的。主人和犬感染这种疾病时，几乎都是因为二者暴露在同样的环境源中。

Ⅲ.据报道，犬最常见的受影响器官系统是呼吸系统（图3.2），其次是皮肤、眼部（视网膜肉芽肿，图3.3）、骨骼、神经和生殖系统。总的来说，犬的预后可能不良至良好。2个最重要的预后指标为是否累及中枢神经系统和肺部疾病的严重程度。中枢神经系统受累通常预后不良，而高达50%的严重肺部受累的犬，可能在治疗的前7天内死于呼吸衰竭。在疾病临床症状消退后，治疗应至少持续30天，并通过尿液抗原检测监测治疗反应。据报道，大约20%的犬在治疗停止后病情复发。有时可能需要摘除被感染的眼球，以消除再次感染的可能性。

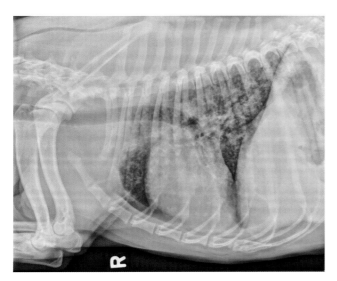

图3.2　X线检查可见肺脏受累

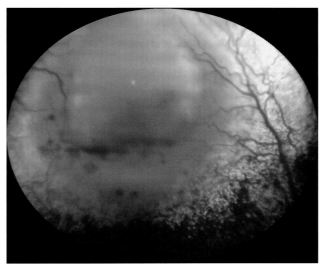

图3.3　视网膜肉芽肿

病例4：问题　1月时，一只1.5岁的吉娃娃犬因"皮癣"而就诊。主诉该犬的腿部出现了"皮癣"。家里还有另外2只犬，它们都没有皮肤病的症状。该患犬和主人睡在一起，而主人也没有相关皮肤病灶。皮肤检查显示沿右侧后腿出现非炎性脱毛的局部病灶（图4.1）。伍德氏灯检查为阴性。医疗记录显示该犬在3个月前接种过疫苗。

Ⅰ.获得性非炎性局灶性脱毛最常见的鉴别诊断是什么？应该进行哪些诊断试验？

Ⅱ.皮肤活检结果显示毛囊萎缩，皮肤苍白，结节性淋巴组织细胞性脂膜炎，伴有部分坏死区域且存在蓝灰色无定形物质。最有可能的诊断是什么？应该提出什么管理建议？

病例4：回答　Ⅰ.鉴别诊断包括簇状脱毛、牵拉性脱毛、狂犬疫苗接种后脱毛、周期性躯干两侧脱毛和糖皮质激素注射部位脱毛。簇状脱毛是一种罕见的自身免疫性皮肤病，其特征为边界清晰的无鳞屑的局灶性或多灶性脱毛。牵拉性脱毛是一种临床综合征，可见于用丝带、发夹或蝴蝶结将局部被毛系得太紧的小型犬。毛囊上的张力会导致血管损伤

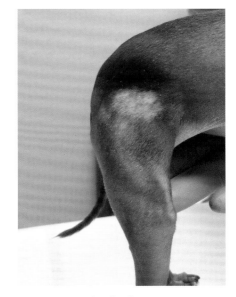

图4.1　右后肢臀部脱毛

和毛囊永久性脱落。皮下注射狂犬疫苗可导致注射部位血管炎和局部脱毛。局部和皮下注射糖皮质激素也可能导致局部脱毛。最有用的诊断测试包括皮肤刮片、压印涂片、皮肤真菌培养和皮肤活检。

Ⅱ.皮肤活检结果与疫苗引起的缺血性皮肤病一致。狂犬疫苗接种后引起的脂膜炎相对常见，其特征类似该病例的局灶性脱毛。这种情况是由于对狂犬病毒抗原的特殊免疫反应。典型的情况是，大约在接种狂犬疫苗3个月后，接种部位会出现脱毛。通常不存在炎症，色素沉着过度可能会导致随后的瘢痕性脱毛。一些犬可能出现更严重的全身性反应，称为疫苗引起的全身性缺血性皮肤病。这种综合征最常见于小型犬和玩具犬（Gross et al.，2005）。这种局灶性病灶通常不需要治疗。如果出现炎症、疼痛或全身性变化，可使用他克莫司或全身性药物（如

己酮可可碱、糖皮质激素或环孢素）进行局部治疗，类似于皮肌炎的治疗。不建议再次接种狂犬疫苗，因为此后接种该疫苗可能加重此类疾病，导致全身性变化。

病例 5　病例 6

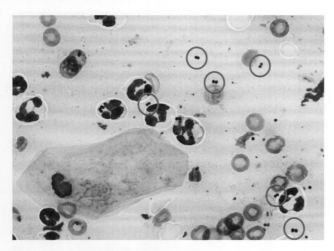

图 5.1　可见成对排列的球菌和散在的中性粒细胞

病例 5：问题　脓皮病是动物医学中一种常见疾病，通常与葡萄球菌有关。脓皮病的临床诊断依赖于皮肤病变部位细菌的细胞学检查。

当进行皮肤细胞学检查时，葡萄球菌的主要细胞学特征是什么？

病例 5：回答　除了存在球形细菌外，表明致病菌可能是葡萄球菌的主要细胞学特征是球形细菌成对或四联状排列（图 5.1）。然而，也可观察到它们单个存在或成簇排列。该种属细菌未见链状排列。

病例 6：问题　一只 10 周龄幼猫因出现摇头和全身瘙痒症状而就诊。在检查过程中，你注意到腹部的被毛内有棕黑色的碎屑（图 6.1）。你决定采集一些这种碎屑，将其放在一张用水轻度润湿的纸巾上，用一根手指轻轻地将其按压摊开。结果如图 6.2 所示。

患猫被毛中的碎屑是什么？

病例 6：回答　这些碎屑是跳蚤粪便或"跳蚤污垢"。当其与水接触时，水的颜色会变红，这是跳蚤粪便的特征，因为其含有血液。这不同于简单的有机物，后者遇水会变成棕色或黑色。最好在白色背景下查看该粪便，以便辅助辨别微妙的颜色变化。基于此目的，可以使用医用纱布或常规纸巾作为背景。

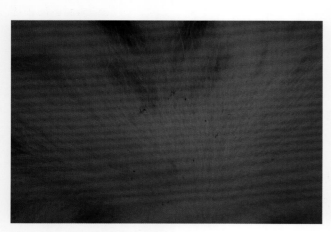

图 6.1　被毛中可见棕黑色碎屑

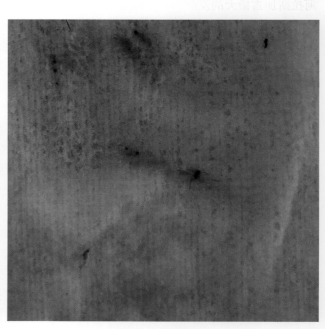

图 6.2　图 6.1 中碎屑润湿按压摊开

病例 7：问题 一只 2 岁雄性去势西伯利亚哈士奇犬因出现脱毛和结痂而就诊。主诉 2 ~ 3 个月前首次发现病变，并缓慢恶化。皮肤检查时，在眼周、口鼻周围和沿口腔边缘可见对称脱毛的斑块，皮肤增厚、色素沉着并出现结痂（图 7.1、图 7.2）。没有发现其他病变，该犬其他方面健康，饲喂全面平衡饮食。

图 7.1 皮肤右侧面观，可见对称脱毛的斑块，皮肤增厚、色素沉着并出现结痂

图 7.2 皮肤左侧面观，可见对称脱毛的斑块，皮肤增厚、色素沉着并出现结痂

Ⅰ. 最可能的诊断是什么？该如何确诊？

Ⅱ. 应该如何治疗该患犬，临床症状预计多久能消除？

Ⅲ. 如果患犬初始治疗无效，应该考虑或采取什么措施？

病例 7：回答 Ⅰ. 这是锌反应性皮肤病。该病例的病征和临床症状与此综合征一致。可通过皮肤活检确诊。关键的组织病理学表现是弥漫性角化不全性角化过度，特别是毛囊上皮。尽管从血液或被毛取样以确定患犬的锌浓度似乎很直观，但因为取样的技术问题和报告的差异性结果，导致其并未成为常规操作。西伯利亚哈士奇犬和阿拉斯加雪橇犬的发病率很高，所以这种疾病被认为是遗传性的，部分原因是胃肠道吸收锌的能力下降（Hensel，2010）。这种类型的疾病通常被称为Ⅰ型综合征。Ⅱ型综合征发生在快速生长的犬（通常是大型犬）中，它们被喂食缺锌、高植酸饮食，或过度补充其他矿物质（特别是钙）。植酸盐和其他矿物质会干扰锌的吸收。

Ⅱ. 该患犬需要口服锌补充剂。最常用的补充剂是硫酸锌（每天 10 mg/kg）、葡萄糖酸锌（每天 5 mg/kg）或蛋氨酸锌（每天 2 mg/kg）。后 2 种锌补充剂的口服生物利用度更好，较少引起胃肠道不适。维生素不能补充锌，并且给犬喂食含锌食物是不够的。该疾病需终身治疗，在开始口服补充剂后，4 ~ 6 周内应观察到显著的临床改善。

Ⅲ. 当犬对口服补充剂的反应没有达到预期时，第一步是确保没有发生继发感染（马拉色菌属或细菌）使疾病变得复杂化，第二步是尝试另一种口服锌补充剂。如果这两步未能进一步改善临床症状，则可能需要添加低剂量糖皮质激素（即泼尼松 0.25 ~ 0.50 mg/kg，PO，q48 h，可能需要长期治疗），以增强胃肠道对锌的吸收，或者使用无菌硫酸锌溶液［10 ~ 15 mg/kg，IV（静脉注射）或 IM（肌内注射）］。每周注射 1 次，持续 1 个月，然后根据需要每 1 ~ 6 个月注射 1 次。

病例 8：问题 从患猫颈部外侧的大面积肿胀处取出幼虫（图 8.1），猫和犬是该幼虫的非典型宿主。

Ⅰ. 这种寄生虫是如何感染的，在犬和猫寄生的生命周期是怎样的，病变通常位于哪里？

Ⅱ. 一年中什么时候最常见该寄生虫感染？

Ⅲ. 据报道，这种寄生虫还会影响犬和猫的哪些部位？

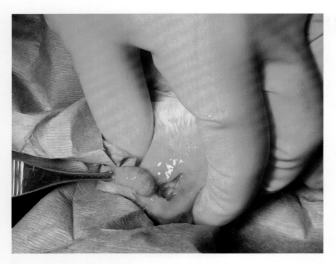

图 8.1　肿胀处取出幼虫

病例 8：回答　Ⅰ.黄蝇不直接叮咬宿主，而是在石头、植物或动物洞穴口附近产卵。当猫和犬接触到被污染的区域时就会被感染。幼虫在动物梳理被毛时被吞食或通过自然开口（眼睛、嘴巴或鼻孔）进入体内。幼虫在头部、颈部和躯干的皮肤上定位之前，经历大约一个月的异位迁移。在这些病变处，幼虫导致形成囊肿样结构，并有一个瘘管样开口（呼吸孔）。通过呼吸孔，临床医生可以看到第二（奶油色至灰色）或第三（深色多刺）期幼虫。

Ⅱ.黄蝇幼虫通常在夏末或初秋出现，在温暖气候的地区全年可见。

Ⅲ.据报道，不稳定的幼虫迁移也会影响非自然宿主的鼻孔、咽、眼和大脑。

病例 9　病例 10

病例 9：问题　这只德国牧羊犬因 6 个月的渐进性瘙痒史而来院接受检查（图 9.1），此前已接受糖皮质激素和马来酸奥拉替尼治疗。它是犬舍里 8 只犬中唯一的患病犬。除了皮肤病变外，该犬体重减轻，对主人和其他犬表现易怒。仔细检查皮肤发现鳞屑和全身丘疹，无脓疱和（或）表皮环。任何对皮肤的操作都会引起强烈的瘙痒。该犬近期已接种疫苗，每月使用心丝虫预防药物，并每月使用含非泼罗尼和（S）- 甲基戊二烯的控制跳蚤的滴剂。主诉对该犬进行任何处理后均无病变或不适出现。跳蚤梳检查阴性。皮肤刮片结果如图 9.2 所示。

Ⅰ.诊断是什么？

Ⅱ.对该犬舍的犬有什么治疗方案？

病例 9：回答　Ⅰ.这是疥螨感染。皮肤刮片所见的结构为疥螨卵。一只螨虫、一个虫卵或粪便颗粒即可诊断疥螨。即使在典型病例中，也不总是能找到疥螨感染的确切证据。绝大多数感染疥螨的犬都是根据治疗反应来诊断的，因此，关于犬疥螨病有句老话："如果你怀疑它，就治疗它。"

Ⅱ.疥螨在离开宿主后可以存活一段时间（2 ~ 21 天，取决于温度和湿度）（Miller et al., 2013a）。犬舍设施应彻底清洁，垫褥应清洗干净。所有与这只德国牧羊犬接触的犬都应该接受疥螨治疗。对于该犬舍的犬的潜在治疗方案可能包括每周涂抹 1 次石硫合剂，持续 6 周；每 2 周涂抹 1 次双甲脒，应用 3 次；伊维菌素 0.2 ~ 0.4 mg/kg，

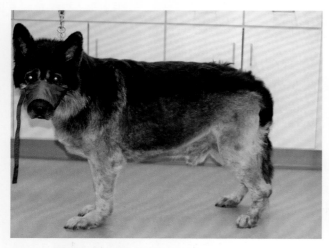

图 9.1　患渐进性瘙痒的德国牧羊犬

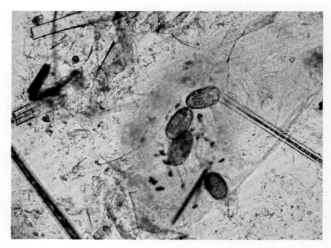

图 9.2　皮肤镜检可见疥螨卵

PO，q7 d，或 SC（皮下注射），q14 d，共 6 周；多拉菌素 0.2 ~ 0.6 mg/kg，SC，q7 d，4 ~ 6 周；米尔贝肟 2 mg/kg，PO，q7 d，4 ~ 6 周；塞拉菌素 6 ~ 12 mg/kg，每 2 周局部应用 3 次；一种外用莫西克汀 / 吡虫啉联合产品（Advantage Multi 或爱沃克），每 2 周 1 次，应用 3 次；非泼罗尼喷雾剂 3 mL/kg，以泵喷的方式，每隔 2 周 1 次，应用 3 次；或者以标准的跳蚤预防剂量使用一种新的异恶唑啉抗寄生虫药（阿福拉纳、氟雷拉纳、洛替拉纳、沙罗拉纳）。重要的是要记住，对于有 p- 糖蛋白突变［多药耐药（multidrug resistant, MDR）突变］风险的犬种，应谨慎使用全身性大环内酯类药物。

病例 10：问题　给予犬全身性糖皮质激素最常见的副作用是什么？在猫身上会发生哪些独特的不良反应？

病例 10：回答　常见的副作用包括多食、多饮 / 多尿、嗜睡、气喘、体重增加、行为改变、肌肉萎缩、被毛暗淡、掉毛至脱毛、粉刺形成、伤口愈合不良、运动不耐受、壶腹外观、继发性皮肤感染、尿路感染、皮肤钙质沉积和胃肠道溃疡。在猫身上观察到的独特的不良反应是耳廓卷曲、皮肤脆弱综合征和引发充血性心力衰竭。但至今为止，猫的心脏功能障碍和糖皮质激素用药之间的联系仍然很弱。

病例 11　病例 12

病例 11：问题　图 11.1 显示了怀疑皮肤有食物不良反应的患病动物的一些常见饮食。
Ⅰ. 这些代表的是哪些类型的饮食？
Ⅱ. 它们发展背后的理论是什么？与食物排除试验中使用的其他饮食概念相比它们有什么优势？
Ⅲ. 这些饮食会引起哪些不良反应和问题？
Ⅳ. 患病动物食物排除试验失败的最常见原因是什么？

图 11.1　皮肤有食物不良反应的动物可用的商品粮

病例 11：回答　Ⅰ. 水解蛋白饮食
Ⅱ. 这些饮食背后的理论是，通过将亲本蛋白质分解成更小分子量的分子（<12 000 KD），使蛋白质来源低过敏性，从而最大限度地降低饮食的潜在过敏性。这一概念源于人类医学，食物过敏原通常是分子量为 10 000 ~ 70 000 KD 的稳定性糖蛋白。然而，目前尚不清楚影响犬和猫的过敏原及其相应的分子量（Gaschen and Merchant，2011）。水解蛋白饮食的主要优点是，兽医从大多数主人那里几乎不可能获得准确的饮食史，所以他们不再需要寻找患病动物可能还没有接触过的新食物来源。
Ⅲ. 水解蛋白饮食的主要不良反应是一些动物在食用这些饮食时可能发生渗透性腹泻，当停止饲喂该饮食时

图 12.1　病灶刮片镜检

腹泻就会消失。另一个问题是水解蛋白饮食的适口性，这导致一些患病动物不愿意吃这些饮食。另外还有成本问题，水解和获得纯化碳水化合物来源的过程导致这些饮食的成本高于优质的日常食物，当推荐这些饮食时，高成本会成为一些宠物主人的经济负担。水解蛋白饮食的最重要问题是免疫原性的持续性。几项研究已经揭示了一些对某种特定蛋白质过敏的兽医临床患病动物，在喂食水解蛋白变体后仍然会产生反应。免疫原性的持续性导致诊断皮肤有食物不良反应的一些困难和争议（Bizikova and Olivry，2016）。

Ⅳ. 食物排除试验失败的最常见原因（除了患病动物并非存在皮肤有食物不良反应外）是主人的依从性。主人依从性的最大问题通常是客户教育不足。重要的是，当建议进行食物排除试验时，主人和所有家庭成员必须理解为什么要进行这种诊断试验，试验会持续多久，其他"不能喂的饮食或调味品"包括什么，他们在家应该进行哪些观察，如果他们有任何问题应该打电话询问（期望他们会打电话）。

病例 12：问题　犬的胸部侧面出现环形脱毛和结痂，在病灶处进行压印涂片（图 12.1）。细胞学上发现了什么？

病例 12：回答　这是链格孢属分生孢子，通常被没有经验的兽医误认为是皮肤癣菌的大分生孢子。重要的是要记住，皮肤癣菌只有在真菌培养时才会产生大分生孢子。在被毛和组织内，皮肤癣菌产生的分生孢子，表现为珠状链或一组圆形细胞。链格孢菌是一群普遍存在的环境真菌，通常生长在室内的地毯或纺织品上，而在室外，它与湿度、土壤和植物材料有关。链格孢菌是一种霉菌过敏原，可引起人和动物的过敏表现。然而，在该病例中，它是一种环境污染物，不具有临床意义。

病例 13　病例 14

病例 13：问题　一只 1 岁雄性去势日本短尾猫，3 周前首次发现头部 / 颈部出现脱毛、结痂和瘙痒而来就诊（图 13.1）。体格检查发现头部背侧有斑块状脱毛、红斑、鳞屑和结痂，耳廓凸面有轻度少毛症。皮肤刮片、跳蚤梳和耳拭子都没有显示任何寄生虫的存在。伍德氏灯检查发现，脱毛区外围和凸起的耳廓上的多根被毛显示明亮的绿色荧光。图 13.2 为患猫被毛的显微镜图像。进一步询问发现，患猫住在单猫家庭中，是 2 个月前从当地收容所领养的。

Ⅰ. 此时能做出明确的诊断吗？如果可以，那是什么？

Ⅱ. 如果猫在确诊之前已经在家里待了 2 个月，应该向主人提出什么样的环境清洁建议呢？

病例 13：回答　Ⅰ. 可以做出诊断，这是由犬小孢子菌引起的皮肤癣菌病。这是动物医学中能产生荧光的唯一重要的真菌病原体。仅仅发现被毛荧光反应并不能诊断皮肤癣菌感染，被毛显微镜检查发现的毛发外癣菌孢子及菌丝足以确诊。观察病变被毛和正常被毛直径的差异、毛干内和断裂端的线形排列菌丝。这就是典型的皮肤癣菌感染的"朽木"样外观。此外，注意孢子在断裂端附近形成明显的"袖口"。

Ⅱ. 环境清洁的目的是清除房屋周围含有孢子的角蛋白物质，最大限度地降低将疾病传播给家庭成员的风险。同时也消除了可能使治疗监测复杂化的污染物载体。良好的环境清洁建议应包括以下内容：①通过吸尘器和清扫机械清除所有碎屑。②清洗所有暴露在外的被污染的衣物用品（衣服、床上用品等）。最近的一项研究表明，可

图 13.1　头部病灶外观，出现脱毛、结痂

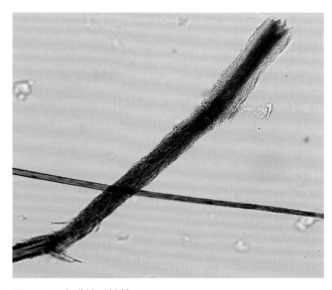

图 13.2　患猫被毛镜检

水洗纺织品可以在不使用漂白剂或极端温度的情况下去除污染。洗涤受污染纺织品最重要的是洗涤时间的长短和确保机器不过载（Moriello，2016）。③在受污染的环境表面使用有效的抗真菌消毒剂（稀释漂白剂、加速过氧化氢或标签表明针对须毛癣菌的非处方浴室消毒剂）。④在治疗初期，考虑把猫关在一个易于清洁的房间里，以减少对房屋的进一步污染。⑤每周清洁 2 次（Moriello et al.，2017）。

病例 14：问题　图 14.1、图 14.2 为小动物皮肤病学中常用的床旁诊断工具。

Ⅰ. 这种仪器叫什么名字？它是什么时候发明的？

Ⅱ. 该仪器主要用于什么？测试是如何进行的？

Ⅲ. 什么物质可能导致假阳性反应？

Ⅳ. 导致阳性反应的原因是什么？临床病例对此反应阳性的频率如何？

病例 14：回答　Ⅰ. 这是伍德氏灯，与黑光灯不同。伍德氏灯通过一个特殊的玻璃过滤器（硅酸钡和氧化镍）发出长波紫外线（UV）辐射。它发出的光线为 320 ~ 400 nm，峰值约为 354 nm。黑光灯是一种透明的玻璃灯泡，可以过滤不同的波长并产生大量的蓝色可见光和一些长波紫外线，这使得荧光探测变得困难。1903 年，罗伯特·w. 伍德发明了这种灯，作为第一次世界大战期间用于通信的滤光器。

图 14.1　伍德氏灯正面观

图 14.2　伍德氏灯腹面观

Ⅱ. 伍德氏灯被用作动物医学领域皮肤癣菌病的筛选工具，当存在皮肤癣菌感染时，在被毛上会产生一种特征性的苹果绿荧光（阴性荧光不排除皮肤癣菌感染的可能）。只有有限数量的皮肤癣菌种类产生荧光，其中包括犬小孢子菌、歪斜形小孢子菌、奥杜盎小孢子菌和许兰氏毛癣菌。这些皮肤癣菌中唯一与动物医学临床相关的是犬小孢子菌。进行筛选时，应打开灯并使其预热。检查应在暗室中进行，并将灯放置在可疑病变的几厘米范围内。被毛可能需要暴露在光线下几分钟，因为有些菌株产生特有荧光的速度很慢。如果观察到荧光，则应培养或拔毛做被毛镜检以确认感染。常见的错误是没有使用真正的伍德氏灯，没有在一个足够黑暗的房间进行检查，或者没有花足够的时间进行检查。

Ⅲ. 假荧光可见于绒布、局部药物、脂溢性物质（角蛋白）、肥皂残渣和地毯纤维。

Ⅳ. 被毛中的荧光是由于水溶性代谢物蝶啶，其位于被毛的皮质或髓质，这是感染的结果。这种反应只发生在被毛上。人们曾经认为大约50%的犬小孢子菌会发出荧光。但是，最近出版的皮肤癣菌病的诊断和治疗指南表明，这可能被严重低估了，事实上，如果按照前面所述方式操作得当的话（特别是关于灯准备和观察的时间），在大多数犬小孢子菌感染的病例中伍德氏灯检查很可能是阳性（Moriello et al., 2017）。

病例 15　病例 16

病例15：问题　图15.1是一只5岁雄性猫的病灶。主诉病变发展迅速，不清楚猫是否瘙痒。家庭中没有其他猫，患猫其他方面很健康，目前正在接种推荐的疫苗。

Ⅰ. 描述该疾病状态的通用名称是什么？

Ⅱ. 病因是什么？如何诊断？病变应该如何治疗？

Ⅲ. 该疾病的组织学特征是什么？

病例15：回答　Ⅰ. 猫痤疮。

Ⅱ. 猫痤疮不是一种"诊断"，而是一种临床表现。典型的表现是原发性的毛囊角化异常。患猫的下巴和下唇会产生明显的粉刺。随着年龄的增长，一些没有患病史的猫也可能出现猫下巴痤疮。这些猫的下巴会形成散在的粉刺，不会成为顽固性问题。皮肤癣菌病、细菌性脓皮病、马拉色菌病和蠕形螨病可引发与图15.1非常相似的病变。此外，患有特应性皮炎的猫可能会摩擦它们的脸和下巴，导致类似的病变。

如果病变轻微（只是一些散在的粉刺），最好的方法可能是主人学习"忽视"，如果病变扩散，则需主人带猫复诊。在如图所示的病例中，病灶部位的物质应取样并涂抹在玻片上进行细胞学检查。如果患猫是新到家的、会外出或来自多猫家庭，应进行皮肤真菌培养。最后，应进行皮肤刮片或被毛镜检蠕形螨。

如果患猫病变轻微，没有不适表现，则不需要治疗。如果病变严重，如前所述的诊断方法有助于制订合适的治疗方案。细菌性感染应使用抗生素治疗21～30天，如果存在严重的疖病则需要更长时间。酵母菌感染对氟康唑或伊曲康唑（2种药物剂量均为5 mg/kg，PO，q24 h）持续使用30天反应良好。应根据细胞学检查结果决定是否给予抗微生物药物，且可能需同时使用这些抗微生物药物。可以使用含过氧化苯甲酰、水杨酸或乳酸乙酯的产品擦拭或清洗进行局部治疗，每天1次或隔天使用1次。一旦症状缓解，局部治疗可以降至基础维持频率（每周2～3次）以防止复发。由于刺激性或毒性问题，应避免使用含焦油的产品。作者的经验是，局部治疗虽然有效，但由于主人和猫依从性低，最终会导致失败。莫匹罗星软膏、甲硝唑凝胶、糖皮质激素或合成类视黄醇乳膏可用于治疗难治

图 15.1　猫咪下颌病灶表现

性病例。确定持续性病变是否与瘙痒有关是很重要的。如果有关，应该追踪潜在的瘙痒性疾病，如食物过敏和环境过敏。特发性猫痤疮的诊断是一种排除性诊断。

Ⅲ. 常见的表现包括毛囊角化和栓塞，毛囊扩张伴粉刺形成，皮脂腺导管扩张，上皮腺扩张，在晚期病例中，可表现毛囊炎、疖病和脓性肉芽肿性皮炎（Jazic et al., 2006）。

病例 16：问题　一只 6 岁杰克罗素㹴犬，左耳廓的凸面表现如图 16.1 所示。主人因犬出现单发性、无毛、红斑样、边界清晰的结节而就诊。病灶触诊坚实，操作后可见肿物肿胀并出现水肿样变化。

哪种皮肤肿瘤最有可能表现出这种反应模式？

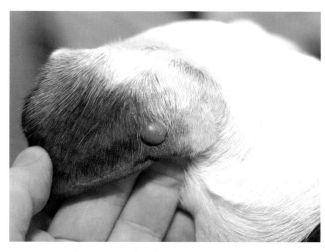

图 16.1　耳廓可见无毛的结节

病例 16：回答　肥大细胞瘤。犬肥大细胞瘤在操作后可能会因肥大细胞脱颗粒而增大。

病例 17　病例 18

病例 17：问题　一只 4 岁雄性去势切萨皮克海湾寻回猎犬，因躯干尾侧和后肢的脱毛而就诊（图 17.1、图 17.2）。脱毛开始于 1 ～ 1.5 年前，范围逐渐扩大。主诉患犬未表现瘙痒，没有其他症状，目前已采取了所有预防措施和疫苗接种。

Ⅰ. 该患犬患有什么疾病？如何诊断？如何治疗？
Ⅱ. 还有哪些品种的犬也有类似的情况？

病例 17：回答　Ⅰ. 该疾病是切萨皮克海湾寻回猎犬的成年发作性脱毛。这是一种品种特异性的被毛周期紊乱。通常在成年犬 1.5 ～ 4 岁的某个时间出现非炎症性脱毛。不同程度的脱毛可能发生于腋下、腹侧、体侧、背侧和后肢尾侧，类似于周期性躯干两侧脱毛，但这种情况，脱毛并不是周期性的，病变经常是多灶性的，且不仅仅局限于腹侧（Cerundolo et al., 2005）。这种疾病应通过排除被毛周期紊乱的其他原因进行诊断。血常规及高级内分泌检查［尿皮质醇肌酐比（urinary cortisol to creatinine ratio，UCCR）、甲状腺功能检查、低剂量地塞米松抑制试验、促肾上腺皮质激素（adrenocorticotropic hormone，ACTH）刺激试验］均未见异常。组织病理学显示毛囊角化过度、萎缩，偶见黑色素聚集。目前，各种药物和营养补充剂的治疗干预均未能提供持续益处。因为该病

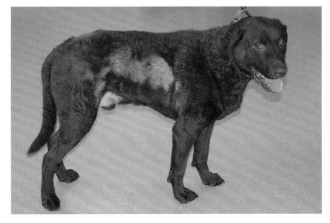

图 17.1　躯干尾侧和后肢脱毛右侧观

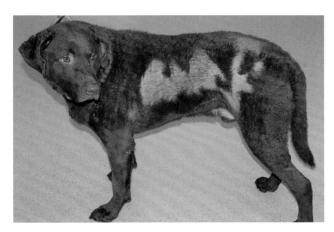

图 17.2　躯干尾侧和后肢脱毛左侧观

仅影响美观，所以可以选择忽视，除此之外，患犬很健康。

Ⅱ.爱尔兰水猎犬、葡萄牙水犬、卷毛寻回猎犬和灵缇犬中观察到类似但不完全相同的情况。

病例 18：问题　在检查时发现患犬的腹部存在多个圆形结痂性病灶（图 18.1）。主诉几天前这些病变还只是"小疙瘩"，而今天这些病变已经结痂。

Ⅰ.这是什么病变？

Ⅱ.这种病变在临床上会被误认为是什么其他皮肤病？

Ⅲ.什么是浅表扩散性脓皮病？

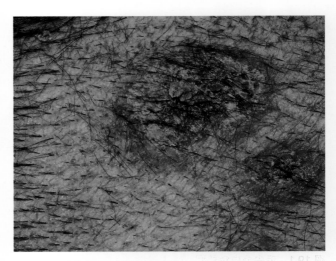

图 18.1　腹部圆形的结痂性病灶

病例 18：回答　Ⅰ.这种病变被称为表皮环，是浅表细菌性脓皮病的代表。它是由一个完整的脓疱破裂形成的。脓疱破裂后，结痂形成并以圆形方式扩散，形成"环形结痂"。边缘处伴或不伴有一圈红斑。随着病灶愈合，中心往往出现色素沉积。

Ⅱ.表皮环常被误认为是"癣样病变"或皮肤癣菌病。进行皮肤刮片以排除蠕形螨病。如果有与皮肤癣菌病相一致的其他皮肤病症状，则应进行真菌培养。在开始治疗前，还应从前缘或完整的脓疱病变处进行皮肤细胞学检查，以证实细菌的存在。患犬最好采用局部和全身抗微生物药物的联合治疗，临床治愈后应继续治疗 1 周。如果患犬对适当的抗生素治疗没有反应，那么应该重新进行细胞学检查。如果观察到细菌，应进行培养，以确定该微生物是否对经验选择的抗生素具有耐药性。如果不存在细菌，则应进行皮肤活检以排除其他罕见原因（如落叶型天疱疮或趋上皮性淋巴瘤）。

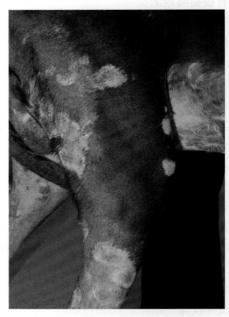

图 18.2　可见表皮环伴有边缘结痂及红斑

Ⅲ.浅表扩散性脓皮病是一种独特的浅表细菌性皮肤病。其特征是大的、迅速扩张的、合并的表皮环，且边缘伴有红斑和结痂（图 18.2）。这种临床形式的浅表脓皮病的独特之处在于没有脓疱，病灶广泛却无脓疱。据报道，喜乐蒂牧羊犬、边境牧羊犬、澳大利亚牧羊犬和柯利牧羊犬易患这种浅表形式的疾病（Gortel，2013）。

病例 19

病例 19：问题　一只 9 月龄的猫被动物收容所收养后接受常规体检。该猫独特的毛色给主人留下了深刻的印象，尤其是毛尖上的白色（图 19.1）。猫的主人说这只猫有轻微瘙痒。进行跳蚤梳检查，发现了一种微生物，并对存在白色尖端的被毛进行镜检。家中还有一只犬，但无异常。

Ⅰ.图 19.2 为猫被毛上"白色尖端"的显微镜照片，图 19.3 为在被毛的跳蚤梳中发现的生物体。这些微生物是什么？应该如何治疗猫？

Ⅱ.给猫治疗 3 天后，猫主人打来电话。她的两个孩子都被诊断出患有该猫所得的病。猫主人非常不安，因

图 19.1　毛尖处白色外观

图 19.2　白色毛尖显微镜检查

为她没有被提醒她的猫患有人畜共患病。

对于患猫主人的家人而言，该疾病的人畜共患性影响是什么？

病例 19：回答　Ⅰ.这些图片中可见粘在毛干上的一个虱子卵或幼虫和一只成年虱子。该猫由于近状猫毛虱感染而患有虱病。在治疗之前应该给猫洗澡，以帮助清除尽可能多的虱子和虫卵。一些作者报道，用家用白醋与水 1：4 稀释液冲洗可以帮助去除虱子，可能有助于减少虱子对被毛的附着。在移除虱子并让猫毛干透后，患猫应使用常规标明可用于猫的跳蚤控制产品进行治疗。适用于此目的的产品包括含非泼罗

图 19.3　跳蚤梳检出跳蚤

尼、塞拉菌素或吡虫啉的产品。由于幼虫对治疗更具耐药性，为了确保根除，应在每个产品说明的 30 天内再次使用第二剂。此外，对于年龄和体重合适的患猫，外用异恶唑啉也是一种有效的治疗选择。以前曾有报道用伊维菌素治疗有效，但因为现在已经有了更安全的替代品而不被推荐。虽然虱子在宿主身上生活期不长，但建议至少彻底清洗一次床上用品。

Ⅱ.虱子是宿主特异性的，孩子们没有被猫传染。另外，家里的犬也无风险。

病例 20

病例 20：问题　10 月初，美国中西部的一只 6 岁已绝育雌性捕鼠㹴犬因舔爪子和抓挠而就诊。主诉该犬从 3 岁开始出现症状，每年 8 月底至 10 月初发病。主人认为今年的问题更严重，且比往年开始得更早。患犬每月使用驱杀跳蚤和心丝虫的驱虫药。患犬除舔舐和啃咬外，暂未有其他异常。体格检查发现全身红斑，腋下和腹股沟脱毛，趾间唾液染色（图 20.1～图 20.5）。爪部的细胞学检查没有发现细菌或酵母菌。

Ⅰ.患犬的主要皮肤问题是什么？诊断是什么？

Ⅱ.Favrot 标准是什么？这些标准与患犬有什么关系？

Ⅲ.对该患犬进行过敏测试的目的是什么？

病例 20：回答　Ⅰ.犬特应性皮炎引起的瘙痒。这是犬特应性皮炎的典型表现。特应性皮炎是通过排除其他类似或与特应性皮炎重叠的皮肤病变（如食物过敏、马拉色菌性皮炎等），并通过病史和临床体征的调查做出的

图 20.1　犬正面观，口周红斑

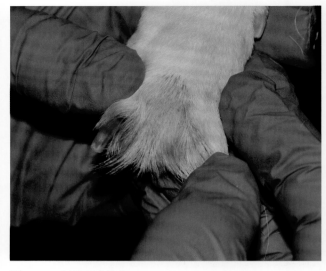

图 20.2　指间唾液染色

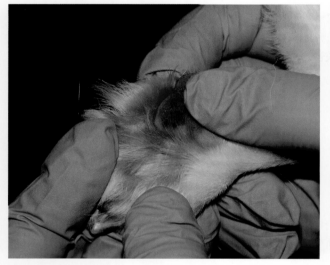

图 20.3　唾液染色

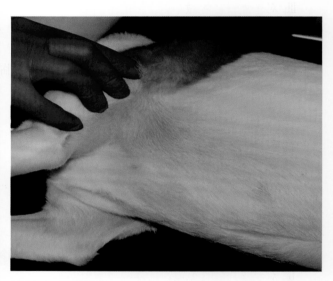

图 20.4　腋下脱毛

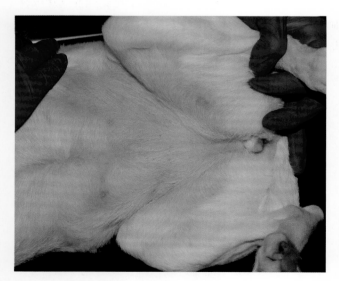

图 20.5　腹股沟脱毛

临床诊断。大多数犬特应性皮炎的最初临床特征是瘙痒，可表现为抓挠、摩擦、啃咬、过度梳理、舔舐、疾走和（或）摇头。症状的季节性取决于所涉及的过敏原，如杂草（季节性）或尘螨（非季节性）。面部、耳朵、肛周区域、爪部以及腹股沟和腋下区域是特应性皮炎患犬最常见的身体瘙痒区域（Hensel et al.，2015）。

Ⅱ. Favrot 标准是从一项关于犬特应性皮炎的大型病例系列研究发展而来，这是一套用于帮助临床诊断犬特应性皮炎的标准。它们由具有不同特异性和敏感性水平的 2 个标准集组成（图 20.6、图 20.7）。这2 个数据集没有优先等级，使用最适合患犬的数据集。如果使用特异性更高的数据集，那么患犬更有可能患有特应性疾病，而使用敏感性更高的数据集，则

● 患犬大多住在室内
● 瘙痒对皮质类固醇治疗有反应
● 慢性或复发性酵母菌感染
● 影响前爪
● 影响耳廓
● 耳廓边缘未受影响
● 背腰区域未受影响

满足 5 条标准：敏感性 85.4%；特异性 79.1%
满足 6 条标准：敏感性 58.2%；特异性 88.5%

图 20.6　"Favrot 标准"—系列 1

● 发病年龄 < 3 岁
● 患犬大多住在室内
● 非病变性瘙痒为首发症状
● 影响前爪
● 影响耳廓
● 耳廓边缘未受影响
● 背腰区域未受影响

满足 5 条标准：敏感性 77.2%；特异性 83.0%
满足 6 条标准：敏感性 42.0%；特异性 93.7%

图 20.7　"Favrot 标准"—系列 2

会出现更多的假阳性。这些标准不是用来诊断特应性疾病的唯一机制，而是一种辅助诊断方式。如果单独使用这些标准来诊断，则每 5 ~ 6 只犬中就会有 1 只犬被误诊（Favrot et al.，2010）。

Ⅲ. 对患犬进行过敏测试的目的有 2 个：①识别有害的潜在过敏原，以实施规避措施（尽管很少有效）；②识别过敏原，纳入过敏原特异性免疫治疗方案。无论何种方法，过敏测试都不适合用作筛查试验。特应性皮炎患犬的检测结果可能为阴性，而非特应性皮炎患犬的检测结果可能为阳性。此外，阳性结果不能诊断患犬患有特应性皮炎。只有在排除了其他情况并确定了特应性皮炎的临床诊断后才应进行过敏测试（皮内血清学）（Deboer and Hillier，2001）。

病例 21　病例 22

病例 21：问题　一只 4 岁雄性去势拉布拉多寻回猎犬出现运动不耐受、体重增加、掉毛和过度脱毛（图 21.1）。此外，主诉该犬已经"失去了服从性训练"，一直在睡觉。体检结果显示，该犬心跳每分钟 65 次，面部表情哀愁，被毛容易脱落。

Ⅰ. 临床症状的最常见原因是什么？应该进行哪些诊断检查？

Ⅱ. 对于该病，什么品种的犬患病率较高？

病例 21：回答　Ⅰ. 犬甲状腺功能减退。犬自然获得性甲状腺功能减退的最常见原因是淋巴细胞性甲状腺炎和特发性甲状腺萎缩。如果患犬进行血液学检查，包括全血细胞计数、血清生化检查、尿检和全面的甲状腺测试，通常能直接诊断出甲状腺功能减退。本病例临床怀疑程度高，因此，甲状腺检查（tT4、平衡透析法 fT4 和促甲状腺激素）将是合适的诊断首选。如果没有血检结果支持甲状腺功能减退的诊断，就采取治疗性甲状腺激素补充试验评估，这种方式是不恰当和不可靠的，因为在非甲状腺功能减退犬中，补充甲状腺激素会导致性格、精神活力、体重和被毛生长等改变。此外，给甲状腺功能正常的犬服用甲状腺激素补充剂并非没有风险，可能发生医源性甲状腺功能亢进。通过平衡透析测量 fT4 浓度是最准确的单项检测方法，但这种检测方法价格昂贵，而且并不总是可用。一般来说，单一测量 tT4 是一种很好的筛查试验，但由于多种因素会人为降低血清水平，因此，其本身很少具有诊断价值。作者建议在怀疑甲状腺功能减退时，综合评估

图 21.1　拉布拉多寻回猎犬脱毛

tT4、fT4 和促甲状腺激素浓度。该犬被诊断为甲状腺功能减退。

Ⅱ.甲状腺功能减退可能会影响任何品种的犬，但据报道发病率较高的犬包括金毛寻回猎犬、拉布拉多寻回猎犬、杜宾犬、大丹犬、爱尔兰猎狼犬、拳师犬、英国斗牛犬、纽芬兰犬、阿拉斯加雪橇犬、布列塔尼猎犬、可卡犬、比格犬、爱尔兰塞特犬、英国塞特犬、英国古代牧羊犬、大麦町犬和德国短毛指示犬（Graham et al.，2007；Miller et al.，2013b）。

病例 22：问题 在过去 2 ~ 3 个月，一只 5 岁的雌性查理士王小猎犬被发现患有渐进性听力丧失。在此期间，主人没有观察到其他行为变化。体格检查期间患犬清醒、警觉且反应良好。除了对突然出现的很大的噪音反应减弱，神经系统检查也无其他明显异常。耳镜检查右耳如图 22.1 所示，左耳也有类似的发现。

Ⅰ.诊断结果是什么？

Ⅱ.在患这种疾病的犬身上还观察到哪些其他临床症状？

Ⅲ.如何治疗？

Ⅳ.可以做哪些测试来评估犬的听觉能力？

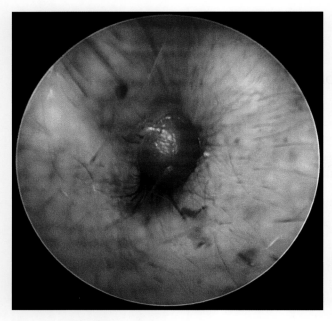

图 22.1 耳镜检查右耳表观

病例 22：回答 Ⅰ.原发性分泌性中耳炎。其特征是中耳无菌黏液的积聚。查理士王小猎犬似乎是该疾病的多发品种，在腊肠犬、西施犬和拳师犬等其他短头类犬身上也发现了这种现象（Cole，2012）。通过耳镜检查发现一个大的、不透明的，或灰绿色的、膨出的松弛部来诊断这种疾病，如图 22.1 所示。然而，在耳镜检查中发现平坦的、正常的松弛部，也不排除这种情况的可能性，还需进一步放射成像检查，如计算机断层扫描（computed tomography，CT）或磁共振成像（magnetic resonance imaging，MRI）（Cole et al.，2015）。

Ⅱ.目前还没有任何临床症状可以作为该病的诊断依据，但据报道，在诊断为原发性分泌性中耳炎的查理士王小猎犬中观察到以下一种或多种情况：头颈疼痛、无意识地吠叫、颈部动作谨慎或异常、共济失调、面瘫、眼球震颤、头部倾斜、癫痫发作、无外耳炎性耳瘙痒、外耳炎、听力下降、乏力、进食困难或疼痛、"空气抓挠"（针对头部／颈部没有实际接触的抓挠行为）和异常打哈欠。

Ⅲ.目前的治疗标准包括在紧张部尾腹侧进行鼓膜切开术，并冲洗鼓泡以清除黏液。冲洗后短期使用糖皮质激素治疗，剂量逐渐减少（泼尼松或其衍生物 0.5 ~ 1 mg/kg），以减轻与手术相关的肿胀和炎症。由于该病的确切发病机制尚不清楚，而且没有前瞻性研究显示可能的治疗方案来防止黏液积聚，因此，当患犬复发时，可能需要进行多次鼓膜切开术。

Ⅳ.脑干听觉诱发反应（Brainstem auditory-evoked response，BAER）是一种对声音做出反应的脑神经Ⅷ和脑干途径的神经电活动的远场记录。

病例 23 病例 24

病例 23：问题 通常推荐补充必需脂肪酸（Essential fatty acid，EFA）治疗犬和猫的各种炎症和皮肤病。

Ⅰ.Ω-3 脂肪酸和 Ω-6 脂肪酸有什么区别？

Ⅱ．Ω－3 脂肪酸的消炎作用可能会影响哪些器官?

Ⅲ．EFA 是如何应用于皮肤病治疗?

Ⅳ．Ω－6 脂肪酸与皮肤屏障功能有什么关系?

病例 23：回答　Ⅰ．Ω－3 脂肪酸和 Ω－6 脂肪酸都是 EFA,因为它们是正常组织功能所必需的,但自身不能合成。它们根据碳氢链的长度、存在的双键数量及第一个双键相对于链末端的甲基（Ω）位置进行分类。Ω－3 脂肪酸［即二十二碳六烯酸（docosahexaenoic acid, DHA）和二十碳五烯酸（eicosapentaenoic acid, EPA）］存在于冷水鱼、坚果和亚麻籽中。Ω－6 脂肪酸［亚油酸（linoleic acid, LA）］主要来自蔬菜和种子油（红花油、葵花籽油、玉米油或大豆油）。重要的是记住,这 2 种脂肪酸不会在代谢过程中相互转化。这 2 种脂肪酸都是细胞膜磷脂双分子层的组成部分,饮食摄入可以改变细胞膜的组成。Ω－3 脂肪酸和 Ω－6 脂肪酸相互竞争代谢酶,这些代谢酶在花生四烯酸炎症级联反应中被激活。Ω－6 脂肪酸通常形成促炎介质,如系列 4 白三烯（即 B4）和系列 2 前列腺素（即 E2）。Ω－3 脂肪酸倾向于形成较少的促炎介质,如系列 3 前列腺素（即 E3）和系列 5 白三烯（即 B5）（Lenox, 2016）。

Ⅱ．受 Ω－3 脂肪酸补充剂影响的器官包括皮肤、肾脏、胃肠道、神经组织、心脏、血液和骨骼（Bauer, 2011）。

Ⅲ．犬猫各种皮肤病｛从瘙痒性皮肤病（即特应性皮肤病）到免疫介导的疾病［如对称型狼疮性指（趾）甲营养不良］｝中都有关于 EFA 用药的评估。推荐了各种给药方案,包括每 4.55 kg 体重（BW）摄入 180 mg EPA 和 120 mg DHA ；每 10 kg 体重摄入 700 mg EPA 和 DHA ；125 mg（DHA 和 EPA）×BW（kg）$^{0.75}$（Bauer, 2011 ；Bauer 2016 ；Logas and Kunkle, 1994）。

Ⅳ．皮肤的表皮屏障由嵌入脂质基质中的角质形成细胞组成。皮肤的表皮水屏障功能取决于脂质成分的含量和质量。神经酰胺是角质层脂质中最大的组成部分,它与胆固醇和游离脂肪酸一起形成细胞间脂质片层。从化学上讲,神经酰胺是脂肪酸通过酰胺键与鞘氨基醇连接而成。Ω－6 脂肪酸 LA 对这些表皮神经酰胺的大量合成至关重要（Meckfessel and Brandt, 2014）。

病例 24：问题　图 24.1、图 24.2 为皮肤病患犬上的 2 种螨虫。

每种寄生虫的名称是什么? 它们的临床表现有何不同?

病例 24：回答　这些图片显示了影响犬的 2 种蠕形螨。之前的第三种短体螨在文献中通常被称为未命名蠕形螨或 *D. cornei*,已被证明实际上代表了犬蠕形螨的形态变体（Sastre et al., 2012）。图 24.1 为犬蠕形螨,而图 24.2 为长体螨,称为隐在蠕形螨。犬蠕形螨是犬蠕形螨病最常见的病因,可能在幼年和成年期发病。这与隐在蠕形螨相反,目前隐在蠕形螨被认为是一种只会引起成年犬蠕形螨病的病原。犬蠕形螨的临床症状非常多变,包括

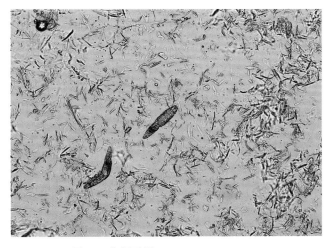

图 24.1　可见 2 只犬蠕形螨

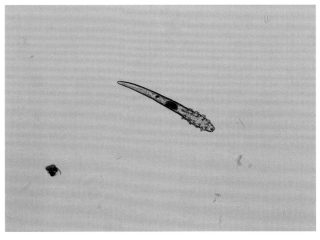

图 24.2　可见 1 只隐在蠕形螨

脱毛、红斑、鳞屑、丘疹、脓疱、粉刺形成、瘘管、结痂和苔藓化，身体的任何部位均可能出现病变。该病既有局部形式，也有全身形式。隐在蠕形螨感染更常见于面部和躯干背部，临床症状包括脱毛、红斑、过多的油性渗出物、被毛油腻和瘙痒。瘙痒不是犬蠕形螨感染的标志性症状，除非病变发生继发性细菌感染。然而，在没有继发性微生物过度生长的情况下，隐在蠕形螨可能引起轻微到中度瘙痒。迄今为止，许多品种都被报道有犬蠕形螨病的品种倾向性或高发病率（如斗牛獒犬、杜宾犬、英国斗牛犬、沙皮犬等），而㹴犬和西施犬似乎倾向于感染隐在蠕形螨。对于犬蠕形螨诊断（皮肤刮片和被毛镜检）而言，诊断时一般螨虫数量多，且可能观察到所有生命阶段的螨虫，且容易复发。而对于隐在蠕形螨而言，螨虫的数量通常更少，观察到的生命阶段更少，采样的阴性结果可能性更高。

病例 25　病例 26

病例 25：问题　图 25.1 显示了什么诊断测试？

病例 25：回答　图 25.1 为正在准备的耳拭子细胞学样本。将干棉签插入耳道至垂直耳道和水平耳道之间的位置，轻轻旋转拭子，取出样本，然后在玻片上滚动，将收集到的分泌物转移到玻片表面。当怀疑有临床疾病时，即使耳道没有受到严重影响，也应对双耳进行取样。可以按照皮肤科医生的建议对载玻片进行热固定，这有助于样本附着在载玻片上，但这一步骤并未被证明是必要的（Toma et al.，2006）。之后使用任何标准的罗曼诺夫斯基染色剂（即 Diff-Quik）对样本进行染色，并进行显微镜检查。

病例 26：问题　有慢性"鼻部皮炎"病史的成年混种犬的主人带犬去急诊检查。到目前为止，主人拒绝了所有能够确定如图 26.1 所示的鼻腔病变原因的诊断测试建议。鼻部的色素减退和结痂已经存在近两年了，并未影响到患犬。这只犬今天出现鼻出血。进一步询问主人后发现鼻出血是最近发生的，而且至少发生过 2 次，患犬没有接触过灭鼠剂。体检时，除鼻镜皮肤外，其余均为正常。黏膜上没有出血痕迹。皮肤科检查显示鼻背有轻微的粘连性结痂和双侧鼻腔溃疡。血液似乎来自这些溃疡灶。

Ⅰ. 鉴别诊断是什么？还必须排除哪些因素？

Ⅱ. 该患犬应该进行哪些诊断测试？

病例 26：回答　Ⅰ. 复发性鼻出血可能是由于皮肤病，但是，必须排除潜在的凝血功能障碍。鼻部色素减退、对称性鼻部溃疡和鼻部结痂与盘状红斑狼疮最为一致。必须考虑的其他鉴别诊断包括红斑性天疱疮或落叶型天疱疮、皮肤黏膜脓皮病、葡萄膜皮肤病综合征、趋上皮性淋巴瘤、药物反应和利什曼病。

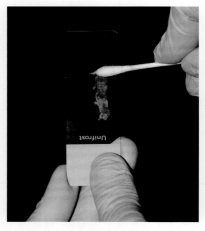

图 25.1　耳拭子细胞学样本

图 26.1　鼻部色素减退和结痂

Ⅱ. 大多数影响鼻平面疾病都有类似的病变。鼻平面疾病的适当诊断需要了解可能发生的情况、患犬的病征，并排除皮肤黏膜脓皮病这一原发疾病。在这种情况下的第一个诊断应该是从鼻平面溃疡区域进行简单的细胞学压印涂片检查。如果观察到细胞内的球菌，应对患犬使用适当的局部抗菌药物或全身性一线抗生素（如头孢菌素）治疗。如果对皮肤黏膜脓皮病进行适当的治疗后，病变未能消除，并且在细胞学上未观察到细菌，则应进行该区域的活检以确定诊断。在从病变区域活检采样前，应排除凝血疾病。在本病例中，黏膜出血时间正常，血小板计数正常。在确定犬没有凝血功能障碍后，全麻进行皮肤活检采样。活检样本取自结痂和色素减退区域。为避免过度出血，不应从鼻中央取活检样本，因为该区域有一条大血管。在这种特殊情况下，对活检样本进行组织病理学评估后，患犬被诊断为盘状红斑狼疮。该疾病预后良好，可以用多种药物成功治疗，包括糖皮质激素、四环素衍生物和烟酰胺、环孢素、硫唑嘌呤、外用他克莫司和其他免疫抑制性抗炎药。

病例 27　病例 28　病例 29

病例 27：问题　抗组胺药在动物医学皮肤病学中通常被用作瘙痒的辅助治疗。目前，第 1 代和第 2 代抗组胺药都被用于临床实践。

　　Ⅰ. 抗组胺药的主要作用机制是什么？

　　Ⅱ. 第 1 代和第 2 代抗组胺药的主要区别是什么？

　　Ⅲ. 在患病动物中使用抗组胺药会导致哪些不良反应？

病例 27：回答　Ⅰ. 抗组胺药分为 H1- 受体拮抗剂和 H2- 受体拮抗剂，后者包括西咪替丁、雷尼替丁和法莫替丁等药物。抗组胺药物是竞争性抑制剂，在组胺与受体结合之前使用是最有效的。

　　Ⅱ. 第 2 代抗组胺药不易穿过血脑屏障。因此，与第 1 代抗组胺药相比，它们的镇静作用更小。第 2 代抗组胺药也没有抗毒蕈碱的特性。

　　Ⅲ. 使用第 1 代抗组胺药最常见的不良反应是镇静和不安或兴奋。这些药物也会引起抗毒蕈碱、抗胆碱（类似阿托品）问题。动物可能会口干舌燥，导致牙病和口臭。也可能导致耗水量增加，还可能由于呼吸道干燥而引起咳嗽。有些动物会便秘或腹泻，食欲下降，并出现腹胀。过量使用第 2 代抗组胺药会导致危及生命的心脏病发作。这些药物不宜与酮康唑、伊曲康唑、红霉素等经肝脏代谢的药物同时使用。

病例 28：问题　最近，随着动物医学临床中广泛耐药葡萄球菌感染的增加，在传统筛查工作中可能发现该细菌对所有抗生素耐药，自然趋势是考虑探索使用非动物医学抗菌药物的可能性。许多替代药物对人类医学至关重要。

　　哪些药物被认为是限制使用的第三类抗菌药物，不适用于患病动物？

病例 28：回答　对细菌性脓皮病应考虑禁用的药物有利奈唑胺、糖肽类药物（万古霉素、替考拉宁和特拉万星）、针对耐甲氧西林金黄色葡萄球菌（anti-methicillin-resistant *Staphylococcus aureus*，MRSA）的头孢菌素类药物（头孢吡普和头孢他林）、替加环素和未来可能开发的用于人类抗 MRSA 药物的任何新化合物。无论怎样都不应该使用这些药物（Hillier et al.，2014；Morris et al.，2017）。

病例 29：问题　一只 2 岁雄性去势猫因耳廓基部周围脱毛而就诊（图 29.1）。皮肤刮片、压印涂片和

图 29.1　猫耳廓基部前方脱毛

皮肤癣菌试验培养基（dermatophyte test medium，DTM）培养结果均为阴性。主诉该猫不瘙痒，也无耳部感染史。据报道，这只猫很健康，目前已接种疫苗，并每月使用预防性抗寄生虫药物。体格检查仅发现眼睑基部与眼睛之间颞区轻度对称性非炎性脱毛，耳镜检查未发现明显异常。

应该告诉主人什么？

病例 29：回答　这被称为猫耳前脱毛，是一种生理而非病理状态。这一区域在一些猫身上并不明显，但被毛短或不太浓密的猫，可能表现为完全脱毛。当主人询问这种情况时，应该告诉他们这是正常的，完全不需要进一步诊断，而且没有任何疗法能改善外观。当该区域出现炎症、过度鳞屑、丘疹、脓疱或结痂时，应进一步进行诊断检查，并应怀疑其他疾病（包括表现为瘙痒的疾病）。

病例 30　病例 31

病例 30：问题　一只 2 岁已绝育雌性英国史宾格犬接受腹部红斑的检查，病症是和主人早上沿着一条小溪散步后发现的。患犬无既往皮肤病史，每月使用跳蚤／蜱虫和心丝虫预防药物，且无其他临床症状。体格检查显示腹股沟和腋窝周围有多个环形斑疹，中央有针尖状出血中心，白色的水肿区和红色的边缘（图 30.1、图 30.2）。

Ⅰ. 该患犬的病变诊断是什么？

Ⅱ. 病原体的生命周期和环境生态位是什么？

图 30.1　腹股沟多个环形斑疹

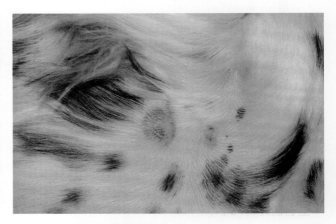

图 30.2　腋窝周围的环形斑疹

病例 30：回答　Ⅰ. 这些病变是由蚋类（即黑蝇、水牛蚋或白蛉）引起的蝇咬性皮炎的特征。苍蝇叮咬是春季／初夏的流行疾病。苍蝇在早上和晚上最活跃。叮咬常发生在被毛稀疏或无被毛的区域，如腹股沟和腋窝区域，偶尔发生在头部、耳朵和腿的远端。这些苍蝇可以成群出现，患犬难以承受，并在多次叮咬后继发过敏反应。

Ⅱ. 成虫在水面以下的石头或植物上产卵。卵在几天到几个月后孵化。然后幼虫在快速流动的水中附着在某些物质上，在化蛹前的一个月到几个月里，它们经历 4～9 个幼虫阶段。蛹在几天到几周内孵化，成虫可以存活 28 天或更长时间（Hill et al.，2010）。生命周期的长短取决于水温、苍蝇种类和食物的可获得性。成虫飞行能力很强，可以飞到很远的地方。

病例 31：问题　皮肤和被毛的一般功能是什么？

病例 31：回答　皮肤和被毛的一般功能包括：作为一个封闭的屏障，保护身体不受环境影响；调节体温／隔热；储存营养物质（如电解质、水、维生素、脂肪）；作为指示器（物理特征、性别特征、社会沟通）；提供免疫调节；抵御紫外线辐射；提供伪装；促进感官感知；产生维生素 D，其是伤口愈合的细胞来源。

病例 32

病例 32：问题　一只 3 岁家养短毛猫因身体后半部急性发作强烈瘙痒而就诊。体格检查显示沿后腹部和后腿尾侧有边界清晰的脱毛区域（图 32.1、图 32.2）。猫对触摸它身体后半部分的任何地方都非常敏感。主诉该猫与其他动物无接触，住在公寓楼的上层，但偶尔会坐在户外露台上。主人 5 个月前搬进这间公寓，患猫大约 2 个月后开始瘙痒。用皮肤刮片未发现螨虫，用跳蚤梳梳理未发现任何跳蚤或跳蚤粪便。

Ⅰ. 根据体检结果和临床怀疑，拟诊断为何种疾病？

Ⅱ. 你如何向主人解释你的治疗方案？

图 32.1　后腹部脱毛腹侧观

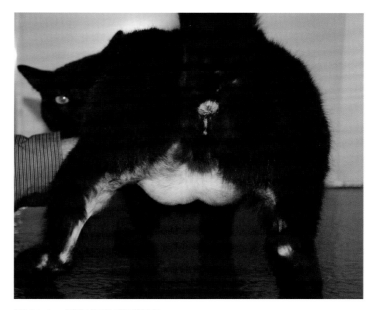
图 32.2　后腹部脱毛尾侧观

病例 32：回答　Ⅰ. 跳蚤过敏性皮炎。

Ⅱ. 有些主人因为体检时没有发现跳蚤而很难相信跳蚤是根本原因。了解跳蚤的生命周期可能会有所帮助。跳蚤需要宿主提供食物和保护，其整个成年生活都是在宿主身上度过的。卵产在动物身上，然后落到环境中，在那里它们经历几个幼虫阶段和一个蛹阶段。跳蚤可以长时间停留在蛹期。如果主人的公寓之前进过跳蚤，患猫可能会为蛹的孵化提供促发因素（温度、振动、CO_2），导致成年跳蚤的出现，当成年跳蚤叮咬猫后，注射跳蚤唾液抗原使猫发生过敏反应，导致目前的临床表现。猫拥有高效的梳理被毛技能，可以清除大多数使它们不舒服的体表寄生虫。这就解释了为什么许多对跳蚤过敏的猫在检查时或主人与动物在一起时没有发现跳蚤。这只猫对触摸身体后半部分的反应进一步证明了跳蚤可能引起极度瘙痒和不适。在某些情况下，粪便漂浮检查可能有助于确诊。使用跳蚤控制药物治疗，并进行环境清洁，数月后，动物对治疗的反应也将有助于确诊。

病例 33

病例 33：问题　一只 3 岁雄性去势马尔济斯犬出现渐进性被毛杂乱、异味、出血溃疡和嗜睡。主诉数月前最初的病变是局部脱毛，在过去 3 周迅速发展。皮肤检查显示明显的全身性红斑、弥漫性鳞屑和结痂，并伴有多个血清至出血性点状瘘管（图 33.1 ~ 图 33.4）。患犬全身性淋巴结肿大并表现淋巴结触诊疼痛。其中一个瘘管病灶的压印涂片显示大量的中性粒细胞、巨噬细胞和红细胞，以及大量的成年犬蠕形螨和细胞内球菌。临床诊断为全身性蠕形螨病和继发性脓皮病。

Ⅰ. 这个病例患有何种脓皮病，对治疗有何影响？

图 33.1　患犬正面观

图 33.2　躯干广泛性红斑、结痂

图 33.3　左后肢红斑、结痂

图 33.4　左前肢大量结痂

Ⅱ. 有哪些针对螨虫的治疗方案可供使用？

Ⅲ. 治疗过程中如何监测，何时可以考虑结束该患犬的螨虫特异性治疗？

病例 33：回答　Ⅰ. 深部脓皮病。感染穿透毛囊壁造成疖病，导致瘘管和疼痛，这是深部脓皮病的特征。患病动物常发热并有局部淋巴结病（也可见于蠕形螨病）。深部脓皮病通常需要至少 4 ～ 6 周的全身性抗菌治疗。许多病例会在 2 周内得到极大改善，但最好在症状好转后持续治疗 14 天（Beco et al., 2013）。重要的是，这类病例复查时应当进行触诊检查，因为有的病变可能在深部组织愈合前，其表面已经愈合，但仍可通过触诊感知到病变。由于这些病例的治疗时间较长，建议在开始全身性抗菌治疗之前进行细菌培养和药敏试验，以确保所选药物是适当和有效的。

Ⅱ. 迄今为止，已经报道了许多不同的蠕形螨病治疗方案。传统的治疗方法是局部使用双甲脒或标签外使用高剂量全身性大环内酯类药物（如伊维菌素、莫昔克丁、多拉菌素、米尔贝肟）。最近，用于预防跳蚤和蜱虫的异恶唑啉类抗寄生虫药（如阿福拉纳、氟雷拉纳、沙罗拉纳、洛替拉纳）因其在治疗犬蠕形螨病方面的潜力引起了人们的极大兴趣。最近的研究结果表明，按标签剂量使用异恶唑啉类抗寄生虫药治疗跳蚤可能是一种有效且有吸引力的治疗选择。表 33.1 提供了可能的治疗方案列表。不同的国家有不同的许可证要求，所以并非所有药物

表 33.1　治疗方案

药物	给药途径	剂量	不良反应
双甲脒	局部	0.025% 溶液，每 2 周一次	呕吐 / 腹泻、镇静、嗜睡、心动过缓、高血糖
伊维菌素	口服	0.4 ～ 0.6 mg/kg，q24 h	嗜睡、瞳孔放大、共济失调、昏迷、死亡
莫昔克丁	外用（局部配吡虫啉）	按标签使用，每周一次	局部炎症
莫昔克丁	口服	0.2 ～ 0.5 mg/kg，q24 h	嗜睡、瞳孔放大、共济失调、昏迷、死亡
米尔贝肟	口服	0.5 ～ 2 mg/kg，q24 h	嗜睡、共济失调
多拉菌素	皮下注射	0.6 mg/kg，每周一次	嗜睡、瞳孔放大、共济失调、昏迷、死亡
氟雷拉纳	口服	按标签使用，每 3 个月一次	呕吐、腹泻、嗜睡、神经系统症状可能加重
阿福拉纳	口服	按标签使用，每个月一次	呕吐、腹泻、嗜睡、神经系统症状可能加重
沙罗拉纳	口服	按标签使用，每个月一次	呕吐、腹泻、嗜睡、神经系统症状可能加重
洛替拉纳	口服	按标签使用，每个月一次	呕吐、腹泻、嗜睡、神经系统症状可能加重

都能在任何地方使用或可用。

Ⅲ. 当需要对患病动物进行螨虫特异性治疗时，应每月重新评估，并将临床结果和同一部位皮肤刮片结果与之前就诊的数据进行比对（如螨虫数量、生命阶段和生存能力）。只要观察到临床症状和寄生虫数量的改善，就继续进行治疗。理想情况下，针对螨虫的治疗应在间隔 1 个月连续 2 次皮肤刮片阴性（没有任何生命阶段的螨虫，无论生死）后，持续使用 1 个月，以尽量减少复发。如果在开始治疗的 4 ～ 8 周内没有得到改善，应确认主人的依从性或建议改变治疗方案。此外，应调查潜在的内在性疾病（特别是成年开始发病的病例）。

病例 34

病例 34：问题　图 34.1 为接种后 7 天的 Derm-Duet 真菌培养基，样本取自疑似有皮肤癣菌病的患病动物。图 34.2 为培养皿上生长样本的显微镜图像。

Ⅰ. 这个培养基由什么组成？

Ⅱ. 诊断是什么？培养基和显微镜图像有什么识别特征？

Ⅲ. 对于这种情况，哪些外用的全身治疗是有效的？

病例 34：回答　Ⅰ. Derm-Duet 真菌培养基由两部分组成。一部分为 DTM，由沙氏葡萄糖琼脂和环己酰亚胺、庆大霉素、氯四环素等抗菌药物组成，抑制污染物生长。DTM 还含有酚红作为 pH 指示剂，可使培养基变成红色。一些皮肤科医生不喜欢常规使用 DTM，因其对大分生孢子有一定的抑制作用。另一部分为快速产孢培养基（rapid sporulating media，RSM）。RSM 与 DTM 相似，含有氯霉素、庆大霉素和环己酰亚胺，用于抑制污染物生长，溴百里酚作为 pH 指示剂。溴百里酚使培养基由黄色变为蓝绿色。

Ⅱ. 犬小孢子菌。培养基上散布着白色到浅黄色的菌落，菌落生长时培养基颜色有明显的变化。在培养基上

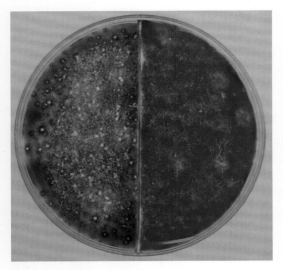

图 34.1　Derm–Duet 培养基正面观

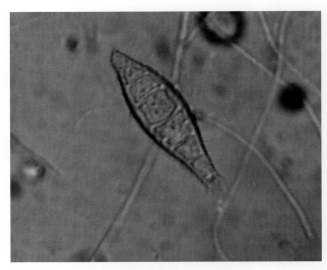

图 34.2　真菌培养物显微镜检查

观察到的菌落有从"棉花"到羊毛状的外观。在显微镜下观察，有一个大分生孢子，纺锤形或船形，具有厚的棘突壁和末端球形。犬小孢子菌的大分生孢子往往由 6 个或更多的分隔组成。

Ⅲ. 对已有文献的一篇大型综述回顾（Moriello et al., 2017）得出结论，目前最有效的全身治疗包括石硫合剂、恩康唑和咪康唑 – 洗必泰联合制剂。虽然只使用咪康唑的配方已被证明是有效的，但研究表明，它与洗必泰 1：1 联合使用时效果最佳。洗必泰单药治疗效果不佳，不推荐使用。虽然使用氯咪巴唑、特比萘芬和酮康唑已显示出良好前景，但在常规推荐这些药物之前，还需要进行更多的体内研究。

病例 35　病例 36

病例 35：问题　主诉在过去的 3 年里，该 5 岁去势雄性英国斗牛犬每年冬天身体两侧都会出现复发性脱毛（图 35.1）。被毛在春天重新生长，但是到了秋天，又开始脱毛。犬不瘙痒，皮肤刮片和皮肤癣菌培养始终是阴性。甲状腺功能检查、低剂量地塞米松抑制试验、ACTH 刺激试验结果正常。病变对口服抗生素没有反应，主人采取预防性跳蚤控制措施。

Ⅰ. 最有可能的诊断是什么？如何治疗？

Ⅱ. 这种综合征的原因是什么？

Ⅲ. 这种疾病的组织学特征是什么？

图 35.1　躯干左侧脱毛

病例 35：回答　Ⅰ. 犬复发性侧腹脱毛（又称季节性侧腹脱毛或周期性侧腹脱毛）。这种情况的特点是快速发作，对称性脱毛，最常影响侧腹或胸腰椎区。脱毛区无炎症，边界清晰并伴有色素沉积。脱毛可偶尔发生 1~2 次，或每年定期发生。随着每年的反复发作，脱毛的数量和持续时间会逐渐增加，并可能成为永久性的。在没有太多季节变化的地区，脱毛的情况可能会一直存在。总的来说，这种情况在犬中并不常见，但是在拳师犬、万能㹴犬、斗牛犬和雪纳瑞犬中发病率较高。这是一种仅影响美观的疾病，因此，忽视或观察是合理的治疗选择。首次出现脱毛后，许多犬的被毛会在几个月后自发再生。由于复发和自发消退的不稳定性，预后难以预测。一些犬可能对褪黑素有反应。

口服褪黑素 1 ~ 3 个月，首选剂量 3 ~ 6 mg，q8 ~ 12 h。

Ⅱ. 犬复发性侧腹脱毛的病因目前尚不清楚。某些品种的高发病率和在家族系内的发生提示可能存在遗传倾向。此外，其他观察结果表明可能与光周期有关，因此，推荐使用褪黑素。

Ⅲ. 与之相适应的组织学表现包括毛囊萎缩和明显的漏斗部角化过度。毛囊具有典型的发育不良外观，已被描述为"女巫脚"或"章鱼或水母样"外观。表皮、毛囊和皮脂腺内黑色素增加也很常见（Muntener et al.，2012）。

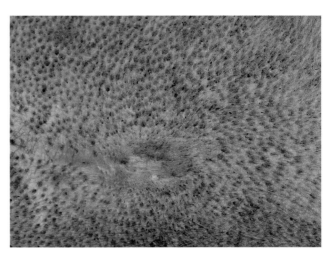

图 36.1　腹部外观

病例 36：问题　主人由于犬的腹部出现黑点和颜色变化而带犬来就诊。病变区域如图 36.1 所示。

Ⅰ. 所示病变的正确术语是什么？

Ⅱ. 这些病变的原因是什么？

病例 36：回答　Ⅰ. 腹部有大量粉刺（"黑头"）。

Ⅱ. 粉刺突然出现最常见的原因是蠕形螨病和肾上腺皮质功能亢进（医源性或自然发生）。与粉刺形成相关的其他疾病包括猫痤疮、下颌脓皮病、皮肤癣菌病、雪纳瑞粉刺综合征、维生素 A 反应性皮肤病、色素稀释性脱毛、毛囊或外胚层发育不良。

病例 37　病例 38

病例 37：问题　一只 10 岁已绝育雌性苏格兰㹴犬因淋巴瘤接受治疗，在过去几个月出现轻度至中度瘙痒、红斑和大量鳞屑（图 37.1）。图 37.2 显示的病变广泛分布于背部。皮肤刮片显示在每一个高倍镜视野中均存在大量的螨虫和卵（图 37.3）。

Ⅰ. 诊断是什么？

Ⅱ. 对你的工作人员和其他与该犬化疗当天接触过的其他住院动物有什么建议？

图 37.1　犬正面观

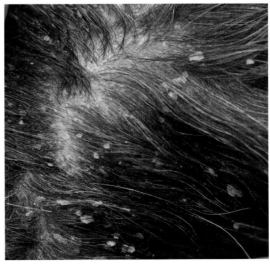

图 37.2　背部大量鳞屑、红斑

图 37.3　镜检可见大量螨虫和卵

病例 37：回答　Ⅰ.姬螯螨感染。该病例感染非常严重，在每一个高倍镜视野中发现大量的螨虫和卵是不常见的现象。

Ⅱ.这是一种高度传染性的疾病，对当时住在该病区的其他犬和猫都有风险。在本病例中，由于螨虫数量巨大，传染风险更大。螨虫可以在环境中短时间生活，而且它们移动性很强。可通过直接接触、环境暴露或医院工作人员等途径传播。如有可能，应将犬移至隔离区。饲养犬的笼子和区域应该被彻底清洁，并使用标明能有效杀灭跳蚤的环境杀虫剂进行处理。需要告知技术人员人畜共患病风险，并告知他们在出现瘙痒性皮疹时需及时就医。所有工作人员应更换工作服和实验室工作服，并将其放入塑料袋中等待送洗。任何接触犬的人都应戴上手套，穿上一次性防护服。主人需要被告知风险，并了解如何对待他们的宠物和家里的其他宠物。此外，在医院期间可能接触过该患犬的所有犬都应每月服用对寄生虫有效的跳蚤预防剂。如果有犬会接触到患犬，则应该提供预防措施。

病例 38：问题　脓皮病是动物医学中常见的临床疾病。当讨论这种浅表细菌感染的临床表现时，一定要区分复发、反复感染或耐药，因为不同情况的最终诊断和治疗建议可能不一样。

每个术语是什么意思？在犬和猫中复发性脓皮病常见的主要原因是什么？

病例 38：回答　复发是指感染没有得到适当的治疗或者没有持续足够长的时间来解决感染的情况。复发性脓皮病是指在治疗停止后的几天内（<1 周）再次出现临床症状／病变，在临床实践中最常见的原因是使用全身抗生素的时间过短（<14 天）。反复性脓皮病是指经过适当的治疗痊愈，但停止治疗后几周到几个月又复发的脓皮病。在这种情况下，动物有潜在的原发性疾病，这使动物容易出现难以控制的继发性感染。如果原发性疾病没有被治疗或控制不当，则继发的感染会持续存在。耐药性是指通过经验性治疗，患病动物的感染情况没有得到改善，随后的复查证明仍然存在活动性感染。耐药性可以是先天固有的，也可以是后天获得的（最广为人知的例子是耐甲氧西林葡萄球菌）。与反复性脓皮病相关的主要原因包括蠕形螨病、过敏性超敏反应（跳蚤过敏性皮炎、特应性皮炎、皮肤有食物不良反应）、体表寄生虫病（如姬螯螨病、跳蚤）、内分泌疾病（库欣病、甲状腺功能减退、糖尿病）、角化障碍、毛囊发育不良、自身免疫性疾病（皮脂腺炎）和肿瘤。

病例 39　病例 40

病例 39：问题　一只 6 岁混种犬在 2 个月前开始不断舔爪子。在此之前，患犬没有皮肤或耳朵问题的病史。观察到爪子脱毛、肿胀、严重红斑伴角化过度和自损病变（图 39.1）。爪子断裂和轻微畸形，同时也注意到后肢远端和尾部内侧的斑块状少毛和红斑。对犬主人进一步询问发现，患犬被安置在有泥土／覆盖物的室外饲养，白天可以自由进入后院，每天遛 2 次。患犬还每月接受 1 次跳蚤和蜱虫预防（阿福拉纳）。

Ⅰ.该患犬的鉴别诊断是什么？应该进行哪些诊断测试？

Ⅱ.该患犬的主要鉴别特征是什么？为什么会影响爪子？

Ⅲ.还有什么其他情况可能使犬爪垫出现严重角化过度？

病例 39：回答　Ⅰ.鉴别诊断包括蠕形螨病、接触性皮炎、钩虫性皮炎、泥线虫性皮炎，继发于过敏性超敏反应的细菌性或马拉色菌性皮炎。应进行皮肤刮片和被毛镜检以排除蠕形螨和泥线虫。应从爪床和指间区域采集压印涂片和（或）细胞学样本，以诊断细菌和（或）马拉色菌感染。进行粪便漂浮检查以寻找钩虫卵。如果更多的基础诊断不能得到预期的结果，也可以进行活检和皮肤组织病理学检查。

Ⅱ.根据患犬的病史、症状和检查结果，钩虫性皮炎是主要的鉴别诊断。虽然过敏性超敏反应或接触性皮炎的可能性很高，但从患犬的表现、发病的年龄和性质，加上环境或习惯缺乏变化，可能性不太大。此外，每月使用阿福拉纳，这样不太可能有蠕形螨。鉴于该患犬被安置在室外有泥土／铺有覆盖物的犬舍，钩虫性皮炎和泥线虫皮炎都是可能的原因。然而，由于该患犬有明显的爪垫角化过度，钩虫性皮炎是更有可能的鉴别诊断。趾的变化可能是继发于严重的趾间炎症，可能导致趾生长得更快，更为脆弱，易折断或变形。另一种可能性是，患犬啃咬趾，这常发生在有明显爪部瘙痒症状的犬，通常在这些病例中会有爪部自损的证据。

Ⅲ.除钩虫性皮炎外，已知会导致爪垫角化过度的情况包括犬瘟热、利什曼病、锌反应性皮肤病、肝皮综合征、特发性或家族性鼻趾角化过度、天疱疮（落叶型和寻常型）、系统性红斑狼疮和皮角。

病例 40：问题　一只刚从动物收容所收养的 5 月龄猫，有 1 周挠耳朵和过度摇头的病史。经检查，双耳道可见深褐色至黑色颗粒状碎屑。在耳拭子检查中发现螨虫（图 40.1）。

Ⅰ.诊断是什么？

Ⅱ.推荐的治疗方案是什么？

Ⅲ.这种寄生虫脱离宿主能在环境中存活多久？

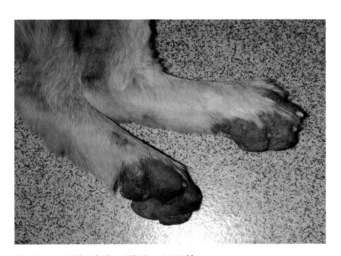

图 39.1　爪部肿胀、脱毛、红斑等

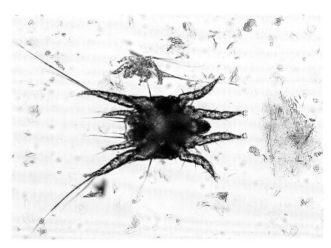

图 40.1　耳道分泌物镜检可见螨虫

病例 40：回答　Ⅰ.耳螨（*Otodectes cynotis*）。

Ⅱ.一项对已发表的治疗研究的循证综述最近得出结论，局部使用塞拉菌素或 10% 吡虫啉 + 1% 莫昔克丁联合产品，每 30 天 1 ~ 2 次，疗效最好（Yang and Huang，2016）。其他已公布的治疗方案包括在耳道局部使用含有伊维菌素或米尔贝肟的耳药；每周口服伊维菌素；间隔 14 天皮下注射伊维菌素；非泼罗尼局部应用于皮肤或耳道；皮下注射多拉菌素；外用含有新霉素／噻苯达唑／地塞米松的耳药，或外用批准用于猫的异恶唑啉。治疗前应彻底清洁耳道，如果有耳垢，应清除。应处理任何继发性细菌性或酵母菌性耳道感染，所有与患病动物接触的人都应进行治疗，以预防螨虫感染，因为螨虫是通过直接接触传播的。

Ⅲ.在温度和湿度适宜的条件下，耳螨离开宿主能在环境中存活长达 12 天。

病例 41　病例 42　病例 43

病例 41：问题　伊维菌素是兽医皮肤病学中常用于治疗各种寄生虫病的药物，特别是犬全身性蠕形螨病。该药物治疗犬蠕形螨病最常用的推荐剂量是 0.4 ~ 0.6 mg/kg，PO，q24 h，5 ~ 7 天逐渐起效。

Ⅰ. 计算一只 20 kg 犬的 1% 伊维菌素溶液（市售口服和注射溶液）的初始日剂量（mL）。

Ⅱ. 还有哪些其他市售阿维菌素已被证明可有效地治疗犬蠕形螨病？

病例 41：回答　Ⅰ. 注：1% 溶液 =1 g/100 mL=1000 mg/100 mL=10 mg/mL。

首先，计算每天需要多少毫克伊维菌素。

第 1 天：0.05 mg/kg×20 kg=1 mg。

第 2 天：0.10 mg/kg×20 kg=2 mg。

第 3 天：0.15 mg/kg×20 kg=3 mg。

第 4 天：0.20 mg/kg×20 kg=4 mg。

第 5 天：0.30 mg/kg×20 kg=6 mg。

第 6 天：0.40 mg/kg×20 kg=8 mg。

第 7 天：0.50 mg/kg×20 kg=10 mg。

注：作者在治疗犬全身性蠕形螨病时，建议每 24 小时不超过 0.5 mg/kg，PO。如果患犬对这个初始给药方案没有不良反应，第 7 天的剂量即可成为持续的每日推荐剂量。

其次，计算达到每天的目标剂量所需的毫升。

第 1 天：1 mg÷10 mg/mL=0.1 mL。

第 2 天：2 mg÷10 mg/mL=0.2 mL。

第 3 天：3 mg÷10 mg/mL=0.3 mL。

第 4 天：4 mg÷10 mg/mL=0.4 mL。

第 5 天：6 mg÷10 mg/mL=0.6 mL。

第 6 天：8 mg÷10 mg/mL=0.8 mL。

第 7 天：10 mg÷10 mg/mL=1.0 mL。

在初始剂量增加后，持续每日剂量为 1.0 mL，PO，q24 h，直到临床症状消退（2 次阴性刮片间隔 4 周）。

Ⅱ. 最近发表的犬蠕形螨病治疗指南（Mueller et al.，2012a）和最近的回顾性研究（Hutt et al.，2015）表明，每周皮下注射多拉菌素 0.6 mg/kg，可有效治疗犬蠕形螨病。同样的剂量和给药频率也可以使用口服给药方案。在 p- 糖蛋白突变的犬上也遇到过类似伊维菌素的不良反应。因此，建议对犬进行基因突变的测试，或以类似伊维菌素的建议方式逐渐增加多拉菌素的剂量。

病例 42：问题　一只 4 月龄的猎犬出现急性瘙痒症而就诊。跳蚤梳从患犬的被毛中收集到以下物质（图 42.1）。

Ⅰ. 患犬身上的寄生虫是什么？

Ⅱ. 已被证实的种和亚种约有多少？哪些亚种与动物医学最相关？

Ⅲ. 这种寄生虫会传播什么传染病？

病例 42：回答　Ⅰ. 猫栉首蚤、成年猫蚤。

Ⅱ. 世界上已知的跳蚤种类和亚种超过 2200 种。犬和猫可以作为几乎所有种类跳蚤的短暂宿主，在临床上常见的有猫栉首蚤指名亚种（猫蚤）、犬跳蚤（犬蚤）、人跳蚤（人蚤）、鸡跳蚤（鸡蚤）、兔跳蚤（兔蚤）和穿皮潜蚤（沙蚤）（Blagburn and Dryden，2009）。

Ⅲ. 除可引起幼弱动物因失血而继发严重贫血或在犬猫中引起蚤类过敏性皮炎外，跳蚤还可作为犬复孔绦虫（跳蚤绦虫）和微小膜壳绦虫（侏儒绦虫）的

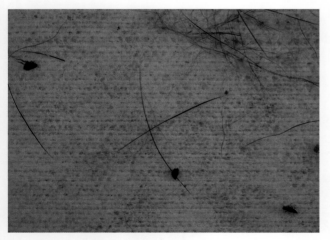

图 42.1　跳蚤梳收集到的被毛和寄生虫

中间宿主。跳蚤传播的最严重的传染病可能是鼠疫耶尔森菌病（鼠疫）。它们可能传播的其他传染病还有地方性斑疹伤寒立克次体（鼠伤寒）、猫立克次体（蚤媒斑点热）、普氏立克次体（农村流行性斑疹伤寒）、汉赛巴尔通体（猫抓热）、克氏巴尔通体、五日热巴尔通体（战壕热）、支原体和利什曼原虫（Bitam et al., 2010；Ferreira et al., 2009）。

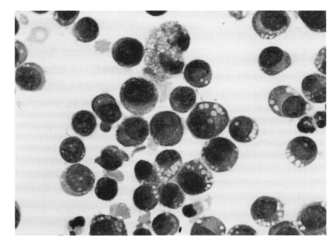

图 43.1　肿物穿刺物镜检

病例 43：问题　3 岁雌性德国牧羊犬外阴周围出现增大的肿物。该肿物在几个月前首次被发现，但最近开始引起主人的关注，因为犬主人观察到肿物中有带血的分泌物。患犬来自一个独宠家庭，可以自由出入一个大型农场。回顾患犬的医疗记录可以发现，及时接种了最新的疫苗，每月都接受跳蚤、蜱虫和心丝虫的预防。体格检查发现右侧外阴周围皱襞处有一个直径 2 cm 的菜花样肿物。在检查的基础上，进一步询问主人，主诉该地区有一些流浪犬。此时，选择对肿物进行细针抽吸检查，其结果如图 43.1 所示。

你的诊断和治疗建议是什么？

病例 43：回答　犬传染性性病肿瘤（TVT）。图中可见圆形细胞群，核为圆形，核仁明显，嗜碱性细胞质丰富，无颗粒，胞质内有大量点状空泡（这是圆形细胞肿瘤的特征）。这种肿瘤在性交或社会行为（如嗅和舔）时传播到受损的黏膜表面。此肿瘤常见于流浪、未绝育／去势的犬，通常发生于外生殖器、面部或鼻腔区域。治疗方法包括手术、放疗或化疗。迄今为止，使用长春新碱的单药化疗就能得到最佳且最稳定的治疗反应。

病例 44　病例 45

病例 44：问题　一只 2 岁已绝育雌性澳大利亚牧羊犬因头部缓慢增大的"肿块"就诊。主诉他们第一次发现它是在一年前，当时肿块只有豌豆那么大。主人不认为病变会困扰患犬，但这让他们感到担忧，因为自第一次注意到以来，它一直在缓慢增长。体格检查发现一个坚硬、隆起、直径 2 cm 的结节，位于眼后方的额头中线，触诊无疼痛反应（图 44.1）。你选择先用细针抽吸肿物，在抽吸过程中肿物破裂，暴露出被毛和角化皮脂腺碎屑的物质（图 44.2）。

你给主人的诊断和治疗建议是什么？

病例 44：回答　皮样囊肿。这是一种罕见的先天性异常，通常发生在背中线的单个结节或多个结节。囊肿壁发生表皮分化，包含发育良好的毛囊和腺体。对这些囊肿的操作可能导致破裂，如果内容物释放到皮下组织，可能导致肉芽肿样异物反应。这种情况的一种变化称为皮样窦或藏毛窦，在罗得西亚脊背犬中可见，其确切遗传模式仍不清楚（Appelgrein et al., 2016）。治疗这些病变的首选方法是手术切除。

病例 45：问题　一只 3 岁绝育雌性猫接受急诊检查。该猫最近被关在纱窗外面过夜 3 天，出现急

图 44.1　右眼后方结节

性面部瘙痒，出现如图 45.1 所示病变。猫的耳尖也发现了类似的病变。该猫其他方面都很健康，之前没有皮肤病史。皮肤刮片阴性，鼻压印涂片显示炎症性渗出物，主要由嗜酸性粒细胞和少量中性粒细胞、淋巴细胞和肥大细胞组成。

　　Ⅰ. 猫的症状有哪些可能的鉴别诊断？根据所提供的信息，最有可能的诊断是什么？

　　Ⅱ. 如果主人拒绝进行皮肤活检，如何确认可能的疾病？有什么治疗建议？

　　Ⅲ. 在这只猫的皮肤活检样本中可以得到什么？

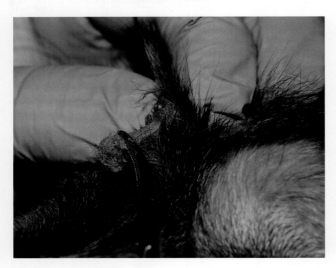

图 44.2　挤出被毛和碎屑物

图 45.1　鼻部可见渗出表现

　　病例 45：回答　Ⅰ. 鉴别诊断包括跳蚤过敏性皮炎、皮肤有食物不良反应、特应性皮炎、皮肤癣菌病、蠕形螨病（戈托伊蠕形螨）、落叶型天疱疮和蚊虫叮咬过敏。最有可能的诊断是蚊虫叮咬过敏。临床病变和病史是本病的特点。在室外过夜后病变迅速发展（大多数有纱窗的门廊不防虫），皮肤压印涂片细胞学检查中所见的明显的嗜酸性粒细胞增多高度支持这一诊断。据报道，病变也可能累及爪垫，但在该猫中没有发现。

　　Ⅱ. 这种疾病是季节性的，与蚊子活动同时发生。将猫关在室内 5 ~ 7 天，观察病变的消退可以确诊。其他鉴别诊断对这种治疗无效。把猫关在室内也可以预防复发。有些杀虫剂产品（如氯菊酯和拟除虫菊酯）对猫有毒，只能使用标记为对猫安全的产品。此外，市面上销售的用于人类的局部驱蚊剂，如 N，N- 二乙基间甲苯酰胺，不应该用于猫。为了尽快解决瘙痒和炎症，可能需要口服或注射糖皮质激素。给予甲泼尼龙（4 mg，PO，q24 h，持续 14 天），病变在 10 天内消失。观察发现，如果猫在晚上有蚊子的时候，在家里有纱窗的门廊上待很长时间，病变就会复发。

　　Ⅲ. 与此综合征最相符的组织学发现包括嗜酸性血管周围至弥漫性皮炎，伴有嗜酸性毛囊炎和疖病，与其他过敏原因相比，这可能提示昆虫叮咬。皮肤发红也很常见。重要的是要明白，这些发现虽然不一定能诊断这种疾病，但可能有助于排除其他鉴别诊断。

病例 46　病例 47

　　病例 46：问题　一只 2 岁去势雄性家养短毛猫，因 9 个月左耳复发性外耳炎病史而就诊。主诉他们 10 个月前从当地的一家收容所收养了该猫，当时患猫被诊断患有耳螨，并接受了局部塞拉菌素治疗，他们每个月都使用塞拉菌素预防跳蚤和心丝虫。查看患猫记录后发现，该猫目前正在接种推荐的疫苗，进一步询问发现其没有上呼吸道疾病史。全身体格检查及右耳的耳镜检查无明显异常。左耳的耳镜检查可见明显的黏液脓性渗出物，如图 46.1 所示。

　　Ⅰ. 该患猫最有可能的诊断是什么？

Ⅱ.该物质起源于哪里?

Ⅲ.应向患猫主人提供何种治疗方案?

Ⅳ.影响犬猫耳道的最常见的肿瘤是什么?

病例 46:回答　Ⅰ.猫炎性息肉。考虑到患猫年龄小、病史长、渗出物的特征,以及存在一个红斑性息肉样肿物阻塞外耳道,这是最有可能的诊断,可以通过肿物的组织病理学确诊。

Ⅱ.推测这些非肿瘤性肿物起源于鼓室大泡或咽鼓管的上皮内层。当它们起源于咽鼓管时,可能侵入鼓室或鼻咽。当鼻咽受累时,可观察到流鼻涕、呼吸窘迫、打喷嚏、吞咽困难或呼吸困难等临床症状(Greci and Mortellaro,2016)。

Ⅲ.目前,有两种主要的治疗方案可以去除炎性息肉。一种是微创技术,称为牵引撕脱(即"抓取和撕扯")。这一过程只需要很少的专业设备或技能,用抓取钳尽可能接近底部抓取肿物,并向一个方向扭转,同时缓慢向外牵拉,试图将肿物从生长点整体分离(图46.2)。摘除后,根据细胞学检查结果,在局部耳部药物治疗的同时,使用全身性抗炎糖皮质激素(泼尼松龙或甲泼尼龙)的短期渐减疗程。另一种是传统的开放手术方法,即腹侧鼓泡切开术(ventral bulla osteotomy,VBO)。VBO 可以充分探查由猫中耳中隔形成的两个腔室,这样可以减少复发。然而,VBO 的术后并发症风险和治疗成本更高,必须与主人进行讨论。目前还缺乏前瞻性、随机对照临床试验来帮助确定哪种方法最好。对于牵引撕脱术后炎性息肉短时间内复发或认为牵引撕脱不可行的情况,作者倾向于VBO。

Ⅳ.犬和猫耳道最常见的恶性肿瘤是鳞状细胞癌和耵聍腺癌。其他可能影响该区域的肿瘤疾病包括浆细胞瘤、基底细胞瘤、纤维瘤、血管外皮细胞瘤、耵聍腺/皮脂腺瘤、血管瘤/血管肉瘤、黑色素细胞瘤、肥大细胞瘤、淋巴瘤、组织细胞瘤和平滑肌肉瘤/横纹肌瘤(Sula,2012)。从回顾性研究中得出的一般经验法则是,与在犬中观察到的相比,猫的耳道肿瘤在生物学上更具侵袭性,恶性的可能性更大。

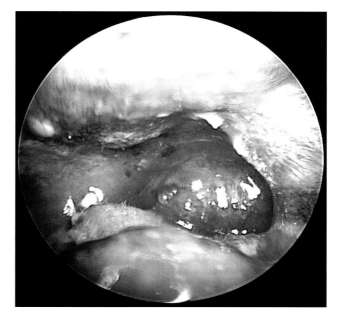

图 46.1　左耳耳镜检查可见粉红色团块

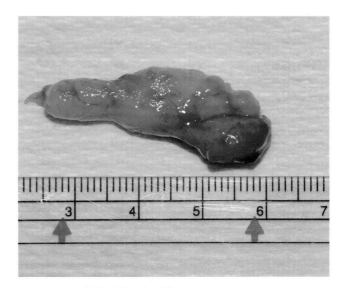

图 46.2　耳道内团块取出后外观

病例 47:问题　一只 20 周龄的健康幼犬因眼周区域出现非瘙痒性脱毛而就诊(图47.1)。被毛镜检发现螨虫(图47.2)。身体其他部位的皮肤刮片和被毛镜检未发现螨虫。

Ⅰ.诊断是什么?

Ⅱ.通常如何定义患病动物是局部或系统性疾病?

Ⅲ.该患犬有哪些治疗方案?

Ⅳ.该犬的主人有兴趣繁育它。目前关于繁育的建议是什么?

病例 47:回答　Ⅰ.局部的、幼年发病的蠕形螨病。蠕形螨病本身很少会引起瘙痒,当继发脓皮病时,瘙痒

图 47.1　可见患犬眼周脱毛

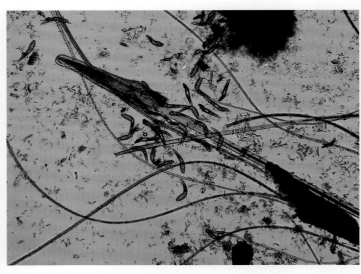

图 47.2　被毛镜检发现大量蠕形螨

会变得更加严重。

Ⅱ．蠕形螨病通常被描述为局部或全身性的。虽然没有统一的标准区分二者，但全身性蠕形螨病通常涉及整个身体区域、两个以上的爪子、耳道，或 6 个以上病灶。局部疾病不超过 4 个病灶，直径不超过 2.5 cm，且在非感染区域不会发现螨虫（Mueller et al.，2012a）。局部疾病最常发生于幼犬，影响面部和四肢。局部蠕形螨病预后良好，许多病例在没有特异性治疗的情况下自发消退，罕见发展为系统性疾病。局部消毒和（或）抗菌治疗可用于预防或治疗继发性细菌感染。全身性蠕形螨病是一种严重且可能危及生命的疾病，其自发消退的可能性极小。作者建议所有的全身性蠕形螨病例都应采用特异性治疗，不论其发病年龄。此外，几乎所有患有系统性疾病的犬都有继发性脓皮病，这需要根据严重程度来使用局部抗菌药浴或全身性抗生素治疗。

Ⅲ．对于局部蠕形螨病，很难确定最佳治疗方案。保守治疗包括观察和等待，因为许多病例会自发消退。由于该幼犬是健康的，在其他地方也没有发现螨虫，因此，这将是一个合适的处理方法。如果继发性细菌感染需要使用抗菌药物，可以使用莫匹罗星软膏或过氧化苯甲酰凝胶进行局部治疗。应告知犬主人，病变在改善之前可能会恶化。如果出现更多病变，可以使用更积极的治疗方法，即螨虫特异性疗法。然而，需要或使用特殊治疗的犬不应该繁殖，应该绝育或去势。

Ⅳ．尽管犬蠕形螨病的确切遗传和病理机制尚不完全清楚，但该病很可能是一个或多个遗传特征的结果。这一概念得到了对犬种倾向性的观察，以及选择性育种计划降低该疾病发生率这一事实的支持（Mueller el al.，2012a）。理想情况下，所有患有蠕形螨病的犬都不应该繁殖，但这个选择并不现实。因此，目前建议对任何需要特殊治疗或伴系统性疾病的犬进行绝育或去势。在这种特殊的情况下，如果主人想要繁育这种动物，那么就不应该对其进行特殊治疗，应对其进行监测，以确保其能自发痊愈。如果没有，或者需要进行特殊治疗，该患犬不应该进行繁殖，应该绝育。

病例 48　病例 49　病例 50

病例 48：问题　什么是耳足反射？它是如何进行的，阳性的结果表明什么？

病例 48：回答　耳足反射是犬疥螨感染的一种非特异性测试。该测试通过大力摩擦或抓挠耳廓的边缘进行，如果犬的后腿试图进行抓挠运动，则结果是阳性。一项评估耳足反射有用性的研究评估了 588 只无反应或复发性瘙痒性皮肤病的犬。在该研究中，55 只犬被诊断为疥螨，并且 82% 的犬出现耳足反射。结果表明，对耳足反射的特异性为 93.8%，敏感性为 81.8%，阳性预测值为 0.57，阴性预测值为 0.98。综上所述，结果阳性可能表明过敏性超敏反应，而阴性结果使疥螨发生的可能性降低。该测试只是更广泛的临床研究的一部分，不能作为确定或排除疥螨诊断的决定性测试（Mueller et al.，2001）。

病例 49：问题　正常犬皮肤的显微镜图像如图 49.1 所示。

　　Ⅰ.皮肤可分为哪三层？表皮的结构是什么样的？

　　Ⅱ.皮肤里产生了什么样的附属结构？

病例 49：回答　Ⅰ.皮肤的三层主要是表皮、真皮层和皮下组织（皮下层或泛皮层）。表皮由深到浅分为基底层、棘细胞层、颗粒层、透明层和角质层。基底层由位于基膜上的单层活跃的生发层柱状或立方细胞组成。这层细胞负责产生新的表皮细胞。棘层（棘细胞层或刺细胞层）由基底层的子细胞组成，是开始产生完全分化的角质形成细胞骨架的一层。颗粒细胞层，或称颗粒层，因深嗜碱性透明角质颗粒而得名。透明角质颗粒在角质层内合成，是角质层构建所需的重要蛋白质和脂质的积累。透明层含有无核细胞且富含与蛋白质结合的脂质。该层在爪垫中发育最好，也可以在鼻镜中看到，在皮肤的其他部位不可见。最外层是角质层，它是与环境接触的皮肤层。它是完全角质化的一层，由扁平、无核、致密、终末分化的角质形成细胞组成。

　　Ⅱ.皮肤产生被毛和毛囊、皮脂腺、汗腺、特殊腺体（即肛门囊、尾腺、外耳道腺和肛周腺）、爪子和皮肤的角质层。

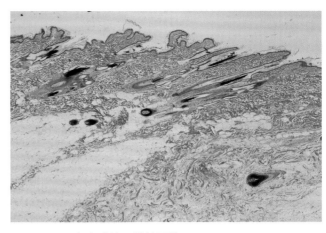

图 49.1　正常皮肤的显微镜图像

图 50.1　患犬正面观

病例 50：问题　一只 8 岁雌性绝育可卡犬因慢性外耳炎而转诊，自患犬 3 岁起非季节性复发外耳炎。触诊耳道可发现耳道坚硬，犬不配合检查，因为触诊使患犬感到明显不适。耳镜检查显示双侧轻度结节性增生伴明显的耳道壁红斑，耵聍碎片增多，使双侧鼓膜不可见。对患犬进一步观察和检查发现了问题（图 50.1）。

　　Ⅰ.根据这些发现，应该关注慢性外耳炎的哪些并发症？

　　Ⅱ.还有哪些其他病因会导致图 50.1 中所示的问题？

　　Ⅲ.根据患犬的病史，应该建议患犬进行哪种诊断检查，以评估你担忧的问题？

　　Ⅳ.外耳炎的原发原因和诱发原因是什么？

病例 50：回答　Ⅰ.中耳炎。该患犬面神经麻痹，如图 50.1 所示，患犬左唇及耳廓下垂伴睑裂增宽，面部不对称。中耳炎最常见的原因是外耳炎通过鼓膜继发性感染，这也可能是导致慢性耳部疾病持久的因素。在患中耳炎的病例中，可能会发生面神经麻痹，这是因为神经在穿过面神经管时，在卵圆孔 / 前庭窗附近短暂打开使得面神经管不完整，短暂暴露于中耳腔。这部分神经病变会产生以下临床症状：面部下垂、耳朵和嘴唇无法移动、睑裂增宽、不能自主眨眼或受刺激后闭合眼睑、呼吸时鼻孔没有外展，非对位肌张力造成的鼻子偏斜，以及神经性角膜结膜炎和鼻干燥（Garosi et al.，2012）。除了面神经麻痹，霍纳氏综合征和前庭综合征是继发于中耳炎的其他神经系统疾病。

Ⅱ.面神经麻痹的原因包括中耳炎、中耳肿瘤（良性和恶性）、颅内肿瘤、外伤、甲状腺功能减退、多发性神经病、医源性（手术并发症）和特发性，其中特发性是最常见的原因。

Ⅲ.在血液检查、甲状腺参数正常，并且根据病史和体格检查结果排除创伤的情况下，应进行CT扫描以进一步评估中耳结构。CT扫描是评估中耳炎病例的首选横断面成像方式，因为与MRI相比，CT扫描可以提供更好的骨骼细节，扫描速度更快，成本更低。此外，最近的研究表明，CT扫描比其他成像方式（如超声）更可靠（Classen et al.，2016）。

Ⅳ.主要原因包括寄生虫（耳螨、蠕形螨、刺耳蝉）、异物、过敏性超敏反应、角化障碍、内分泌疾病、肿瘤和自身免疫性疾病。易感因素是指如果患犬有原发病因，则会增加患外耳炎的风险，但其本身并不会直接导致外耳炎。易感因素包括耳部构造（下垂而非竖立、耳道长度）、行为（游泳）、梳理和治疗习惯（拔毛、过度清洁、改变微生物群）、品种（如沙皮犬，其耳道开口狭窄）和地理环境（热带或温带）。

病例51 病例52 病例53

病例51：问题 一只3岁雄性去势拉布拉多寻回猎犬曾被诊断为特应性皮炎，因在过去2周内脚部瘙痒加重而就诊。在此之前，患犬每日服用马来酸奥拉替尼，控制良好。检查发现指间红斑和4个爪子唾液染色。从受累指间区域获取透明醋酸胶带压印涂片，用罗曼诺夫斯基染色液染色。细胞学检查结果如图51.1所示。

Ⅰ.在细胞学上发现的生物体叫什么名字？

Ⅱ.该生物体与患犬目前的表现有什么关联？

Ⅲ.什么原因会导致控制良好的特应性皮炎患犬瘙痒增加？

病例51：回答 Ⅰ.厚皮马拉色菌。

Ⅱ.犬特应性皮炎是犬马拉色菌皮炎最常见的原因，特应性皮炎患犬作为一个群体，已被证实皮肤厚皮马拉色菌的数量高于非特应性皮炎患犬。此外，研究表明，在一些患有特应性皮炎的犬中，马拉色菌源性过敏原均存在即刻型和延迟型超敏反应，表明酵母菌在特应性皮炎发病机制中发挥了作用（Oldenhoff et al.，2014）。因此，除了作为一种简单的机会致病菌，它还可以作为犬超敏反应的爆发因子。皮肤感染（细菌和酵母菌）是特应性皮炎患犬瘙痒和病变严重恶化的常见原因。

Ⅲ.控制良好的特应性皮炎患犬瘙痒增加的常见原因包括以下几点：用药不当或接触不同的过敏原，可能贯穿一年或一季；继发感染，如脓皮病、马拉色菌性皮炎或外耳炎；获得传染性体表寄生虫（疥螨或姬螯螨）或跳蚤感染；特应性皮炎患犬同时发生皮肤不良食物反应或接触性过敏。

病例52：问题 这只2岁雄性去势比特犬，在过去的3个月内，鼻背侧出现脱毛、红斑、鳞屑和反复复结痂。图52.1所示是什么操作？

图51.1 指间皮肤检查显微镜镜检

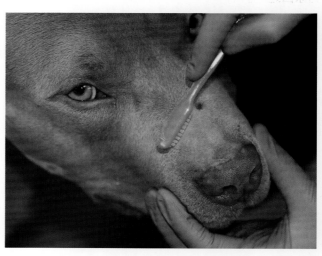

图52.1 使用毛刷对患部采样

病例 52：回答　　这是牙刷采样行真菌培养技术，牙刷采样是获取伴侣动物皮肤癣菌培养样本的首选方法。这种技术可以对更大的区域进行采样，减少错过活动性感染的机会。它还可以防止临床医生"大海捞针"进行直接显微镜检查或拔毛进行真菌培养。该技术使用一个便宜的、独立包装的人用牙刷，对疑似感染的区域进行梳理。牙刷在原始包装中是无菌的，只能使用一次（图 52.2）。应先对无明显病变的区域进行采样，以避免孢子传播。刷拭后，刷毛内应该可见被毛和（或）鳞屑。然后将刷毛轻轻反复按压在 DTM 培养基表面（图 52.3）。需要注意的是，牙刷技术要求培养基为平板状（而不是管状／斜状），以便于接种。还必须注意不要把刷毛压得太紧。该技术不需要在培养基中留下或植入被毛。该技术还有助于筛选无症状携带者，以及监测正在接受治疗的患犬（Moriello and DeBoer，2012）。

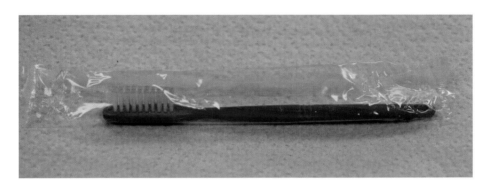

图 52.2　一次性无菌牙刷

病例 53：问题　　一只 5 岁雄性去势混种犬接受检查。主人抱怨犬的大腿内侧和腹股沟皮肤颜色变紫（图 53.1）。

Ⅰ. 此为哪种皮肤病？

Ⅱ. 应该考虑哪些原因，最有可能的原因是什么，应该问主人些什么？

Ⅲ. 需要进行哪些诊断测试？

病例 53：回答　　Ⅰ. 皮肤色素沉着。

Ⅱ. 动物皮肤色素变化是主人带患病动物就诊的一个常见原因。色素沉着可能是遗传性的、获得性的（炎症后或内分泌相关），或与病毒（乳头瘤病毒）和肿瘤（血管瘤、腺体瘤、黑色素瘤、基底细胞瘤）有关。皮肤色素沉着最常见的原因是炎症。炎症后色素沉着可与蠕形螨病、疥螨病、脓皮病、马拉色菌性皮炎、皮肤癣菌病、摩擦或过敏性疾病所见的慢性全身性炎症一起发生或随后发生。应询问主人这只犬是否有其他皮肤病的临床症状。问题应该集中在犬是否有瘙痒的迹象。特应性皮炎是腋窝、腹股沟和大腿内侧区域色素沉着的最常见原因之一。

图 52.3　将牙刷刷取物轻轻按压于 DTM 培养基表面

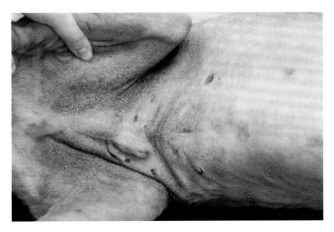

图 53.1　腹股沟皮肤外观

Ⅲ.皮肤刮片和压印涂片，以排除寄生虫和继发性感染的原因。虽然对色素沉着没有特定的治疗方法，但继发性感染的治疗通常会显著改善外观。只有当继发性感染的主要原因得到充分解决时，才有可能彻底康复。值得注意的是，即使所有原因都已解决，有些病例也可能永远不会彻底康复。

病例 54　病例 55

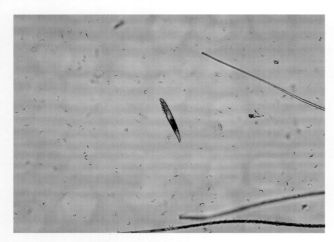

图 54.1　胸部背侧皮肤刮片镜检

病例 54：问题　一只 15 岁已绝育雌性家养短毛猫仅在室内饲养和活动，表现为进行性、全身性脱毛。该猫之前没有被诊断出患有皮肤病，根据病历，其多年来只进行常规疫苗接种。没注意到猫梳理被毛的次数增加，也没有毛球的问题。主人确实注意到患猫食欲下降，而且轻微嗜睡。病历评估显示，自上次就诊以来，该猫体重减轻了 1 kg，没有其他行为异常或排泄异常。体格检查显示中度全身性少毛症，伴有轻度至中度鳞屑积聚。检查中未见其他明显异常。沿着猫的胸部背侧进行皮肤刮片（图 54.1）。

Ⅰ.该微生物是什么？

Ⅱ.猫和犬的这种皮肤病有什么区别？

Ⅲ.这种情况应该如何管理？

病例 54：回答　Ⅰ.猫蠕形螨。

Ⅱ.到目前为止，没有证据表明猫的疾病过程类似于犬的幼年发作性蠕形螨病。在猫中，报道了 3 种螨类：戈托伊蠕形螨、猫蠕形螨和未命名的第三种蠕形螨（Ferreira et al.，2015）。戈托伊蠕形螨具有传染性，引起猫的瘙痒性皮肤病，这与其他蠕形螨引起的疾病不同。它是猫蠕形螨病中更为普遍的一种形式，且发病有地域性。猫蠕形螨与犬蠕形螨相似，会导致脱毛、红斑、鳞屑和结痂。尽管在其他健康个体中也可能以叮聍性中耳炎的形式出现，但猫蠕形螨的确诊应该引起人类对潜在系统性疾病的关注，其经常被报道与猫白血病病毒（feline leukemia virus，FeLV）和猫免疫缺陷病毒（feline immunodeficiency virus，FIV）、糖尿病、肾上腺皮质功能亢进和肿瘤有关。第三种未命名的物种类似于戈托伊蠕形螨，但更大。目前还没有关于该未命名物种的具体临床表现的详细描述。

Ⅲ.当发现猫蠕形螨，但未发现明显的潜在原因（如过量的糖皮质激素使用）时，需要进行全面的医学评估。诊断应包括全血细胞计数、血清生化分析、尿液分析、逆转录病毒检测，当其他一线诊断不能揭示潜在疾病过程时，还可能需要进行 X 线和腹部超声检查。识别并发的系统性疾病并开始治疗是管理的必要部分。除非潜在的疾病能够得到控制，否则蠕形螨病可能只能得到控制而不能治愈。目前，在还没有批准的治疗猫蠕形螨病的治疗建议中，治疗药物包括伊维菌素、多拉菌素、米尔贝肟、双甲脒（因其潜在毒性较高，应谨慎用于猫）、外用莫昔克丁／吡虫啉和氟雷拉纳（Matricoti and Maina，2017）。在该特殊病例中，患猫最终被确诊为大细胞性肠道淋巴瘤。

病例 55：问题　用于控制跳蚤的化合物主要有哪些种类，它们的作用方式是什么？

病例 55：回答　新烟碱类物质（吡虫啉、烯啶虫胺、呋虫胺）在昆虫突触后烟碱乙酰胆碱受体上起激动剂作用，可导致成蚤迅速抑制、麻痹和死亡。苯吡唑（非泼罗尼）抑制 γ - 氨基丁酸（γ -aminobutyric acid，GABA）门控氯离子通道，导致成蚤过度神经刺激、麻痹和死亡。大环内酯（塞拉菌素）与谷氨酸门控氯离子通道受体结合导致弛缓性瘫痪和死亡。缩氨基脲（氰氟虫腙）通过阻滞电压门控依赖的钠离子通道而起作用，导致神经冲动阻塞，引起瘫痪和死亡。拟除虫菊酯（氯菊酯、溴氰菊酯、氟氯苯菊酯）影响神经元的电压依赖性钠离子通道，导致神经细胞过度兴奋而麻痹。恶二嗪（茚虫威）阻滞电压门控依赖的钠离子通道，抑制神经活动，导致类似缩氨基脲的瘫痪。多杀霉素（多杀菌素、乙基多杀菌素）刺激尼古丁乙酰胆碱受体，类似于新烟碱，但在不同的位点，仍然导致抑制和麻痹。它们还与 GABA 位点结合，这可能有助于它们的作用机制。异恶唑啉类（氟拉纳、阿福拉纳、沙罗拉纳、洛替拉纳）通过抑制昆虫 GABA 门控氯离子通道（与其他已知的氯离子通道抑制剂不同的位点）而发挥作用，导致过度兴奋和死亡（Blagburn and Dryden，2009；Halos et al.，2014；Rufener et al.，2017）。

病例 56

病例 56：问题　一只 5 岁雄性去势杰克罗素㹴犬，出现慢性皮肤问题和轻度嗜睡。患犬的临床症状开始于大约 1 年前，最初是轻微的脱毛，然后发展为脓疱和结痂。体格检查发现脱毛、红斑、丘疹、脓疱及结痂，累及头部、耳廓（凸面和凹面）、腹部腹侧及四肢远端（图 56.1）。患犬就诊时有轻度发热。

Ⅰ. 该患犬的初始鉴别诊断有什么？初步诊断应采取哪些措施？

Ⅱ. 进一步询问主人后发现，患犬在几个月前进行了活检，当时被诊断为落叶型天疱疮。患犬开始口服泼尼松，但未能很好耐受，症状恶化，因此在就诊前几周逐渐减少并停止用药。此次就诊时主人同意复查皮肤刮片、被毛镜检和皮肤细胞学检查。皮肤刮片和被毛镜检样本为阴性，但细胞学样本显示存在具有隔膜、无色素的真菌菌丝。鉴于这些结果，选择通过牙刷技术收集进行真菌培养。在 DTM 培养基上真菌生长并发生颜色变化的样本的显微镜观察结果如图 56.2、图 56.3 所示。

你的诊断是什么，这和犬之前的组织病理学诊断有什么关系？

病例 56：回答　Ⅰ. 根据临床病变和表现，鉴别诊断应包括脓皮病、皮肤癣菌病、蠕形螨病、落叶型天疱疮、系统性红斑狼疮和盘状红斑狼疮、利什曼病（地方性疾病的地理区域）或药物不良反应。对于出现脱毛、丘疹、脓疱和结痂的患犬，无论其严重程度如何，初步诊断应包括皮肤刮片、被毛镜检和细胞学检查。这些基本诊断测试所提供的信息对于确定进一步诊断方式或可能的治疗方案非常宝贵。此外，在许多情况下，这些基本的、平价的检测可以提供诊断。

图 56.1　患犬头部病变

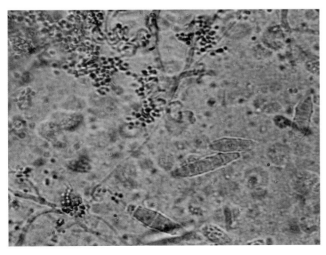

图 56.2　真菌培养物染色镜检可见大分生孢子等

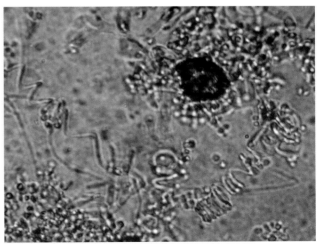

图 56.3　真菌培养物染色镜检

Ⅱ.由须毛癣菌引起的皮肤癣菌病。须毛癣菌菌落产生大量的小而圆的小分生孢子；罕见的薄壁、光滑、雪茄形大分生孢子，偶有螺旋形菌丝（弹簧状）。显微镜下显示的培养样本具有这 3 个特征。该患犬有一个罕见的临床表现称为犬棘层松懈皮肤癣菌病。这种与须毛癣菌相关的疾病在临床上和组织学上都类似于落叶型天疱疮。棘层松解性角质形成细胞是由于自身抗体攻击桥粒蛋白而导致角质形成细胞之间失去凝聚力。这一过程是天疱疮复合体疾病的组织学标志性发现。然而，这些细胞的形成也可发生在其他炎症条件下，最明显的是浅表细菌性毛囊炎和皮肤癣菌病。在这些情况下，蛋白水解酶或水解酶破坏细胞黏附性，导致皮肤棘层分解（Peters et al.，2007）。由于这种潜在的临床表现的重叠，所有疑似为落叶型天疱疮的病例都应在开始免疫抑制治疗前通过细胞学检查和培养进行筛查，以确保病变不是由感染性病因引起。

病例 57　病例 58

病例 57：问题　一只 3 岁雌性德国短毛指示犬在几周前首次出现进行性瘙痒和脱毛。患犬在本次就诊之前没有皮肤或耳朵问题的既往史。这是一只户外犬，住在一个农场，晚上被关在犬窝里。犬主人注意到，犬窝里铺着稻草，可以帮助犬在夜间保暖。体格检查发现胸部／腹部、后腿外侧和掌部／跖部有红斑、表皮脱落、脱毛和结痂（图 57.1）。皮肤压印涂片显示成对的胞内球菌，也进行了皮肤刮片，结果如图 57.2 所示。

Ⅰ.该患犬的诊断是什么？

Ⅱ.对于这样的患犬，还需要考虑哪些其他的鉴别诊断？

Ⅲ.该患犬的治疗方案应该包括哪些内容？

病例 57：回答　Ⅰ.线虫性皮炎（即小杆线虫或 barn-itch）。这是一种皮肤瘙痒和红斑性皮肤病，继发于肮脏的环境，是自由生活的类圆小杆线虫的幼虫意外入侵造成的。线虫有一个直接的生命周期，在潮湿的土壤或腐烂的有机物质（如稻草或干草）中完成。

Ⅱ.症状相似的患犬应考虑的其他鉴别诊断包括钩虫性皮炎、蠕形螨病、疥螨和继发性细菌或马拉色菌感染。

Ⅲ.对该患犬的治疗需要清洁环境并喷洒杀虫剂杀死剩余的幼虫。继发性细菌感染应根据疾病范围和严重程度使用局部治疗或同时使用全身性抗生素治疗。建议在处理疥螨时使用类似剂量的伊维菌素来杀死幼虫。糖皮质激素的短期疗程可能有助于缓解瘙痒。这种感染是自限性的，可以通过改进卫生措施预防后期的发病。

病例 58：问题　母猫在怀孕的前三个月接受灰黄霉素治疗皮肤癣菌病，其幼猫在出生时死亡。

Ⅰ.幼猫最可能的死亡原因是什么？

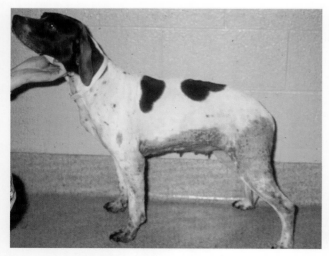

图 57.1　患犬病变侧面观

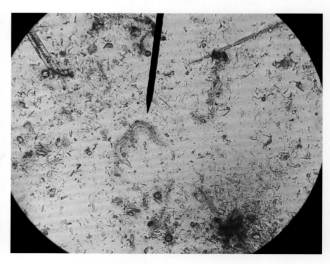

图 57.2　皮肤压印涂片镜检

Ⅱ.灰黄霉素的作用机制是什么？

Ⅲ.药物是如何被吸收并输送到皮肤的？

病例 58：回答　Ⅰ.这只幼猫可能是死于灰黄霉素引起的出生缺陷。灰黄霉素是一种已知的致畸剂，不应该给怀孕的猫服用。怀孕的母猫不能使用任何常用的全身性抗真菌药物进行治疗。推荐外用石硫合剂（每周 2 次海绵蘸取）局部治疗作为一种安全的替代疗法。

Ⅱ.灰黄霉素是由灰黄青霉生产的一种抑菌药物。它通过抑制细胞壁合成、核酸合成和有丝分裂而发挥作用。它主要对生长中的生物体起作用，但也可能阻止休眠细胞分裂。灰黄霉素通过阻止分裂中期、干扰纺锤体微管的功能、真菌细胞的形态发生变化，以及可能的几丁质合成来抑制核酸合成和细胞有丝分裂。

Ⅲ.灰黄霉素不能很好地从胃肠道吸收，应与脂肪餐一起服用以促进吸收。颗粒大小也影响药物的吸收，因此它被配制成微颗粒和超微颗粒的制剂。给药后 8 小时至 3 天内可在角质层中检出该药物。浓度最高的是角质层。药物通过扩散、出汗和经表皮体液流失进入角质层。它沉积在角蛋白前体细胞中，并在整个分化过程中一直存在。由于灰黄霉素与角蛋白结合不紧密，因此，在停止治疗后，灰黄霉素浓度迅速下降。

病例 59　病例 60

病例 59：问题　一位主人因为他的猫耳部和面部斑块状脱毛而来院就诊。主诉其两个月前从收容所收养该猫，3 周前首次观察到脱毛。体格检查发现双耳、头侧和颈部腹侧有多灶性、圆形斑块，伴鳞屑和结痂，选择被毛镜检和通过皮肤压印涂片进行细胞学检查。被毛镜检显示被毛正常。在皮肤上，可以观察到许多类似图 59.1 的生物体。

在细胞学上有什么表现？它对患猫临床表现有什么意义？

病例 59：回答　这是离蠕孢／内脐蠕孢／弯孢霉的分生孢子（需要基因分析才能确定）。这些物种是暗色孢（色素）真菌，它们在自然界中普遍存在，与

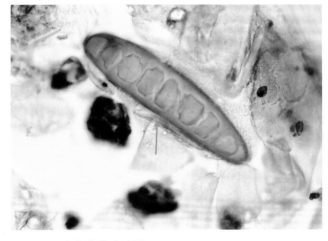

图 59.1　真菌大分生孢子

植物碎片和土壤有关，很少在患病动物中发病。在这个特殊的病例中，这是一个无关紧要的发现，是患猫皮肤从病患的环境中获得的污染物。这些孢子偶尔被未经训练的观察者误解为皮肤癣菌的大分生孢子。重要的是要记住，皮肤真菌只会在培养时产生大分生孢子，而不会在宿主身上产生。此外，使用 Diff-Quik 变体染色，皮肤真菌种类的真菌元素将染色为蓝色到紫色。在这种情况下，由于高度怀疑皮肤癣菌病，如果在初步诊断中未发现确诊证据，应该推荐对皮肤真菌菌种进行真菌培养或聚合酶链式反应（polymerase chain reaction，PCR）。

病例 60：问题　一只 4 岁已绝育雌性比格犬出现快速发展的结节，结节破裂并排出黄褐色的油性至血清血液性物质（图 60.1、图 60.2）。触诊病灶时疼痛，犬精神沉郁、发热，有轻微的全身淋巴结肿大。

Ⅰ.该患犬的鉴别诊断是什么？

Ⅱ.要诊断该患犬，应该采取什么样的诊断方法呢？

病例 60：回答　Ⅰ.感染性（细菌、分枝杆菌和真菌）、皮肤药物反应、肿瘤、无菌性结节性脂膜炎、无菌性肉芽肿／化脓性肉芽肿综合征、异物反应、成年发病的幼年蜂窝织炎和系统性红斑狼疮。

Ⅱ.对该患犬应进行的诊断包括细胞学检查、细针抽吸、皮肤活检和皮肤组织病理学检查（包括特殊染色）、

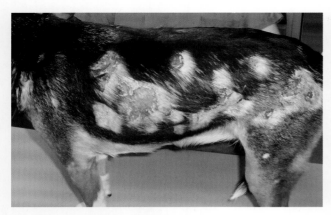

图 60.1　患犬躯干左侧病变

图 60.2　患犬躯干右侧病变

细菌（需氧和厌氧菌、分枝杆菌）和真菌组织培养、CBC、血清生化和尿液分析，以及二态真菌滴度（如芽生菌、组织胞浆菌属、球孢子菌属）取决于地理区域和（或）旅行史。

病例 61

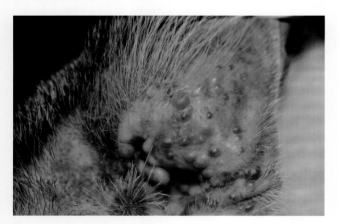

图 61.1　耳廓凹面多个丘疹

病例 61：问题　一只 7 岁雄性去势家养短毛猫，因其耳廓内生长的有色素的肿物而入院进行评估，主人担心是黑色素瘤。患猫既往无皮肤或耳部疾病史，无瘙痒史。患猫目前正在接种疫苗，并每月外用塞拉菌素预防跳蚤和蜱虫。体格检查发现，沿耳廓凹面可见多个直径 2 ～ 5 mm 的蓝灰色丘疹（图 61.1），但在垂直或水平耳道内均未发现。其余的体格检查并无异常。

Ⅰ. 诊断结果是什么？
Ⅱ. 首选的治疗方案是什么？

病例 61：回答　Ⅰ. 猫耵聍腺瘤。这是一种罕见的非肿瘤性疾病，多见于中老年猫（任何年龄的猫都可能发病）。临床上，病变明显，包括多个离散的或合并的蓝灰色或紫色丘疹、囊泡和（或）结节，破裂时会流出黄色／棕色至黑色的黏稠液体。由于其独特的表现，诊断通常并不复杂（早期病变可能被误认为是黑素细胞或血管肿瘤），但可以通过组织病理学检查来证实临床怀疑（Sula，2012）。

Ⅱ. 耵聍腺瘤病变范围很小时，通常是一种无症状的仅影响美观的疾病。当病变扩大、堵塞耳道，导致正常耳部生理功能异常和继发性外耳炎时，就成为必须治疗的问题。当病变扩大并引起问题时，首选的治疗方法是用 CO_2 激光消融囊肿。手术切除、冷冻疗法和化学烧灼已经被提出作为治疗这种疾病的替代方法。通过适当的治疗，长期预后较好。但根据囊肿的范围和严重程度，可能需要不止一次的手术。

病例 62

病例 62：问题　一只 3 岁雄性去势可卡犬因被诊断为原发性特发性皮脂溢而转诊（图 62.1）。犬的鳞屑、结痂和瘙痒对局部抗脂溢性香波、全身性抗菌剂和口服糖皮质激素治疗均无反应，因此，主人考虑转诊。大约

9 个月前，主人首次发现轻微的鳞屑和增加的角质皮脂腺碎屑，在过去 6 个月里，症状显著恶化。该犬每月都要接受专业的护理，在过去的几周里，家里另外 3 只犬也有轻微的瘙痒。患犬每月接受心丝虫预防，目前正在接种推荐的疫苗。体格检查显示中度全身性红斑，黏连性鳞屑形成增多（图 62.2），特别是背侧、腋窝区多灶性结痂形成（图 62.3）。受影响区域的皮肤压印涂片细胞学检查无显著异常。背部和腋窝的皮肤刮片显示罕见的螨虫（图 62.4）。

    Ⅰ. 诊断结果是什么？

    Ⅱ. 这种螨虫的生命周期是怎样的？

    Ⅲ. 该患犬的治疗方案和建议是什么？

    病例 62：回答　Ⅰ. 姬螯螨病。姬螯螨病是一种罕见的传染性皮肤病，由体表的姬螯螨螨虫感染引起。它发生在犬、猫和兔子中，并可能在与携带螨虫的宠物接触的人类身上引起短暂感染。在未实施常规跳蚤预防或暴露于大量污染住房环境后，可观察到螨虫发病率增加。从犬中最常分离出牙氏姬螯螨，而从猫和兔子中最常分离出布氏姬螯螨和寄食姬螯螨。任何品种都可能受到影响，但在可卡犬中发生的频率可能较高。

    Ⅱ. 这种螨虫生活在表皮的表层，不会挖洞，把卵产在毛干上，卵比虱子卵更小，附着更松散。这种螨虫是专性寄生虫，只需要一个宿主。该螨虫具有卵、幼虫、若虫和成虫的标准生命周期，可在 3 周左右完成。幼虫、若虫和成年雄螨在离开宿主后不能存活很长时间，而成年雌螨在离开宿主后可以存活 10 天以上。

    Ⅲ. 目前，还没有专门用于治疗姬螯螨的许可产品。治疗方案和药物选择主要取决于受影响的物种和临床医

图 62.1　患犬侧面观

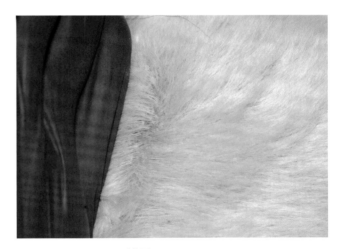

图 62.2　可见红斑、鳞屑

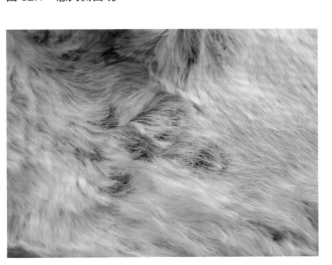

图 62.3　皮肤结痂

图 62.4　皮肤刮片镜检可见姬螯螨

生的偏好。只要对所有接触过的动物进行处理，并进行常规的环境净化以防止再次感染，大多数防螨产品和石硫合剂都是有效的。因为螨的生命周期是 3 周，所以至少治疗 6 周是非常重要的。据报道，有效的治疗方法包括外用除虫菊酯喷剂；每周外用 2% 石硫合剂滴剂；每 2 ~ 4 周应用塞拉菌素一次，共 3 次；外用莫西克丁／吡虫啉联合产品（AdvantageMulti 或爱沃克），每 2 ~ 4 周一次，共 3 次；0.25% 非泼罗尼喷雾剂 3 mL/kg 泵喷于体外，每隔 2 周一次，共 3 次；皮下注射伊维菌素 0.2 ~ 0.3 mg/kg，每 2 周一次；米尔贝肟 2 mg/kg，每周口服给药，或一种新型异恶唑啉抗寄生虫药（阿福拉纳、氟拉纳、洛替拉纳和沙罗拉纳），标准的跳蚤预防剂量。原发性特发性皮脂溢的诊断是错误的，相反，这是一个继发性皮脂溢的病例，在用塞拉菌素治疗犬姬螯螨病后，该病例临床症状得到了解决。

病例 63　病例 64　病例 65

　　病例 63：问题　多年来，已经开发和销售了许多针对跳蚤感染的治疗和预防制剂。总的来说，大多数产品报道的不良反应都是不常见且相当轻微的，临床症状包括嗜睡、涂抹部位瘙痒、涂抹部位刺激、唾液分泌过多、多动症、脱毛和胃肠道症状。然而，最近有一系列记录在案的病例，动物在使用跳蚤预防制剂后不久就出现了棘层松懈性脓疱性皮炎，可能与药物相关性落叶型天疱疮一致。

　　Ⅰ. 这种临床变化与哪种跳蚤预防剂有关联？该病例最显著的临床特征是什么？

　　Ⅱ. 在讨论落叶型天疱疮病例时，药物诱导和药物触发的术语是什么意思？

　　病例 63：回答　Ⅰ. 第一份报告描述了 22 只犬使用 ProMeris Duo（氰氟虫腙和双甲脒）后出现的临床变化（Oberkirchner et al.，2011）。在该报告中，8 只犬涂抹部位出现病变，而 14 只犬在远离涂抹部位的地方广泛出现病变。总的来说，14 只犬的病灶需要免疫抑制治疗，而那些病灶发生在远端部位的犬预后较差。该病例系列还表明，大型犬（拉布拉多寻回猎犬和金毛寻回猎犬）和母犬患这种落叶型天疱疮样药物反应的风险更高。病变发生前的应用次数为 1 ~ 8 次不等，大多数患犬在应用该产品 14 天内出现病变。第二种与落叶型天疱疮样药物反应相关的产品是 Certifect［非泼罗尼、双甲脒和（S）- 烯虫酯］（Bizikova et al.，2014）。该病例系列描述了 21 只犬，其发现与那些可能患有 ProMeris Duo 药物相关落叶型天疱疮的犬相似。在本报告中，6 只犬有局部病变，15 只犬有远端病变。与第一份报告中描述的情况相似，该疾病也在母犬和大型犬中更常见。在症状出现前，驱虫药的使用次数为 1 ~ 15 次（62% 的犬在前两次使用中出现病变），大多数患犬在最后一次使用后 14 天内出现病变发展。此外，18 只犬接受了某种形式的治疗，2 只犬因疾病而被安乐死。与这种可能的药物相关临床病例的产品是 Vectra 3D（呋虫胺、吡丙醚和氯菊酯）（Bizikova et al.，2015）。在一份病例报告中，3 只犬的临床、组织学和免疫学表现与另外 2 只可能与杀虫剂有关的落叶型天疱疮药物不良反应相似。在报告中，一只犬表现为局部病变，而另外两只表现为全身病变。所有这 3 只犬在首次报告使用该产品后 10 天内出现病变。这 3 只犬都需要某种形式的治疗，其中 2 只临床症状得到缓解，而第三只（全身型）由于治疗相关问题而被安乐死。

　　Ⅱ. 药物性天疱疮是指一种药物在药理学上与疾病的发展相联系，这种疾病模仿自然发生的变异，并随着致病因子的去除而得到缓解。在药物引发的天疱疮中，会引起患病动物潜在的遗传易感性，即使停止药物，这种遗传易感性仍然活跃。

　　病例 64：问题　一只 4 岁已绝育雌性混种犬因右大腿外侧皮肤病变而紧急就诊。主人几小时前去吃晚饭，当他们回来的时候，犬正在啃咬这个病灶。犬极度焦虑，其左大腿外侧有一个直径 7 cm 的圆形斑块样病变。病变极度疼痛、瘙痒和渗出（图 64.1、图 64.2）。

　　Ⅰ. 临床诊断是什么？

　　Ⅱ. 这种临床状况，在治疗之前应该进行哪些基本诊断？

　　Ⅲ. 这种病变应该如何治疗？

图 64.1　圆形斑块样病变

图 64.2　皮肤红斑、渗出病变

病例 64：回答　Ⅰ.病变与脓性创伤性皮炎［急性湿疹或"热点"（Hotspot）］最相符。脓性创伤性皮炎是一种继发于自损的急性、迅速发展的、由糜烂到溃疡的浅表细菌感染。

Ⅱ.治疗前应进行细胞学检查，以确定是否存在细菌。在脓性创伤性皮炎的病例中存在大量的细胞外和细胞内细菌。

Ⅲ.应该给犬注射镇静剂，剪掉周围的被毛，用温和的抗菌擦剂清洗患处。外用干燥剂（收敛剂）可能会刺激伤口并减缓伤口愈合，所以应该避免使用。清理伤口是治疗的关键步骤，有些犬在修剪和清理伤口后，就不会再对这些部位造成创伤。每天局部应用抗生素软膏（即莫匹罗星）可能有效，但作者更倾向于使用全身性抗菌剂进行早期干预，因为许多病变实际上是深部脓皮病的病灶区域。在临床改善后应继续使用全身性抗生素 1 周，因为浅表病变将先于深层病变解决。虽然禁忌同时使用糖皮质激素治疗细菌性脓皮病，但作者倾向于使用甲泼尼龙（0.5 ~ 1.0 mg/kg，PO，q24 h，3 天，然后 q48 h，3 次剂量）的短疗程，以防止进一步自损，同时能让动物的瘙痒暂时缓解。

病例 65：问题　关于病例 64 脓性创伤性皮炎。
Ⅰ.这种类型的复发性病变常见于哪些疾病？
Ⅱ.还有哪些疾病可以表现为慢性复发性脓性创伤性皮炎，并可通过皮肤活检诊断？

病例 65：回答　Ⅰ.脓性创伤性皮炎复发最常见的原因是对原发病灶不适当的治疗、未解决的细菌性脓皮病和（或）未被识别的瘙痒性疾病，如特应性皮炎、食物过敏和（或）跳蚤。由于特应性皮炎而复发的面部糜烂是常见的，这也可能与外耳炎有关。鉴于图 64.1 中病灶的位置，应调查跳蚤／跳蚤过敏，并持续使用成年跳蚤驱虫剂。

Ⅱ.皮肤钙质沉着症和大汗腺癌可表现为脓性创伤性皮炎／毛囊炎的未愈合区域。此外，与趋上皮性 T 细胞淋巴瘤相关的皮肤病变在老年犬中可表现为急性糜烂性、渗出性、瘙痒性斑块。

病例 66　病例 67

病例 66：问题　皮肤癣菌病是动物医学中一种重要的传染病，常发生在猫和犬上。
Ⅰ.哪些皮肤真菌种类最常引起疾病？它们的主要宿主是什么？
Ⅱ.哪些品种患此病风险更高？

Ⅲ.当对怀疑有皮肤癣菌病的动物进行培养时，有哪些技术可以使用？

病例 66：回答　Ⅰ.目前已记录的能引起犬猫患病的皮肤真菌有 3 种——犬小孢子菌、石膏样小孢子菌和须毛癣菌。犬小孢子菌的感染源通常是猫或被猫污染的物品。石膏样小孢子菌是一种亲土性微生物，存在于富含有机物的土壤中，犬和猫在挖掘被污染的土壤时就会接触感染源。须毛癣菌与啮齿动物或其巢穴有关，疾病通常与暴露于这两种来源之一有关。

Ⅱ.波斯猫在皮肤癣菌病的临床研究中患病比例过高，且皮下癣菌感染常见于该品种。因此，被认为易患皮肤癣菌病。类似的观察研究表明，约克夏㹴犬和波斯猫对于该疾病的易感性是等同的。然而，发病率和患病物种也存在地理差异，因此真正的发病率和品种倾向性很难评估。

Ⅲ.真菌培养有 3 种取样技术。第一种是使用牙刷或消毒过的一小块儿织物／地毯。该技术使用牙刷或纱布对怀疑的病例进行刷毛，然后将采集到的样本直接接种到培养板上。第二种是直接从病灶边缘取毛或痂，然后接种到培养板。第三种是用一块胶带直接压在病灶上，然后压在培养板上进行培养。

病例 67：问题　一只 4 岁雌性绝育银色拉布拉多寻回猎犬，有 8 个月的脱毛、复发性皮肤感染、嗜睡和体重增加史。在出现这些症状之前，患犬没有其他异常。体格检查发现躯干、四肢近端和尾部存在弥漫性非炎性脱毛，并沿背部形成粉刺（图 67.1、图 67.2）。主诉患犬无瘙痒。获得皮肤刮片、被毛镜检和细胞学样本，未观察到异常或感染性病原体。全血细胞计数显示正常红细胞、正色素性贫血，而血清生化显示高胆固醇血症和高甘油三酯血症。尿液分析结果无显著异常。鉴于这些发现，提交了甲状腺功能检查的血清，结果如表 67.1。

Ⅰ.该患犬的主要鉴别诊断是什么？

Ⅱ.你的诊断是什么？犬出现这种情况的主要原因是什么？

Ⅲ.患犬总甲状腺素下降的原因是什么？

病例 67：回答　Ⅰ.根据该患犬的体征、病史和体格检查结果，主要鉴别诊断应包括蠕形螨病、脓皮病、皮肤癣菌病、内分泌疾病、色素稀释性脱毛、毛囊性营养不良和簇状脱毛。

Ⅱ.甲状腺功能减退。犬主要由于自身免疫性淋巴细胞性甲状腺炎或特发性甲状腺萎缩，导致原发性甲状腺功能减退。

Ⅲ.虽然总甲状腺素（TT4）可用于筛查甲状腺功能减退患犬，但不能作为确诊检查。当发现总甲状腺素水平低时，应至少检测平衡透析游离 T4 和促甲状

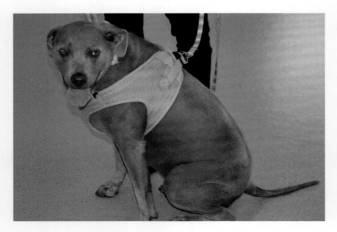

图 67.1　患犬全身性弥漫性脱毛

图 67.2　患犬背部粉刺表观

表 67.1 密歇根州立大学的甲状腺功能检查

项目	结果	参考范围
总甲状腺素（TT4）	8	15 ~ 67
总三碘甲状腺原氨酸（TT3）	1.1	1.0 ~ 2.5
平衡透析（ED）游离 T4	5	8 ~ 26
T4 自身抗体	5	0 ~ 20
T3 自身抗体	0	0 ~ 10
促甲状腺激素	48	0 ~ 37
甲状腺球蛋白自身抗体 /%	7	< 10

腺激素。许多因素可以导致总甲状腺素水平偏低，如品种［视觉猎犬（如灵缇犬的血液循环水平较低）］、患犬年龄、非甲状腺疾病（甲状腺疾病综合征）、甲状腺功能减退、肾上腺皮质功能亢进、用药（苯巴比妥、糖皮质激素、磺胺类药物、卡洛芬、氯米帕明、呋塞米）和仪器分析错误。

病例 68 病例 69

病例 68：问题 一只 5 岁雌性迷你贵宾犬因舔肛门和疾走而就诊。主诉大约 4 周前他们从佛罗里达度完寒假回来后就出现了这个问题。体格检查发现肛门周围皮肤有唾液染色，会阴区轻度红斑。直肠检查发现轻度充盈的肛门囊，分泌物浓稠，呈棕褐色。

Ⅰ. 鉴别诊断是什么？

Ⅱ. 即时诊断和（或）治疗计划是什么？

病例 68：回答 Ⅰ. 有或无继发性感染或肛门瘙痒的嵌塞肛门囊导致继发性肛门囊疾病。肛门囊问题在小型犬中更常见，尤其是肥胖犬。舔舐和疾走提示肛门囊嵌塞或肛门瘙痒。该犬有可能因为去了佛罗里达而感染跳蚤，随后又感染了绦虫。在粪便检查和（或）直肠检查中可以发现绦虫。许多过敏性皮肤病（特应性皮炎、食物过敏、接触过敏）、外阴皱襞皮炎、阴道炎、尾部皱襞皮炎和前列腺疾病患犬会出现肛门瘙痒。由此引起的肛门区域炎症导致肛门囊导管变窄，引发肛门囊嵌塞，并可能导致感染。

Ⅱ. 建议人工挤压肛门囊。应对分泌物进行细胞学检查以确定是否有感染。如果有感染的迹象，应在肛门囊中填充含有糖皮质激素的抗菌溶液，每 5 ~ 7 天重复一次。或者可以使用全身性抗菌剂，持续 14 ~ 21 天。在这种情况下，应与主人讨论跳蚤的控制，并考虑对绦虫进行预防性驱虫。如果有潜在的瘙痒原因，手术切除肛门囊并不能解决肛门瘙痒。然而，如果犬患有慢性肛门腺嵌塞，其潜在原因无法确定 / 处理，可以考虑采用手术。

病例 69：问题 一只 5 岁猫因脱毛和腹部溃疡就诊（图 69.1）。主诉病变在过去 7 个月时好时坏，最近恶化。体格检查除皮肤外均正常。在腹部和后肢尾内侧有舔毛后脱毛，有多个结实、凸起、糜烂性斑块，大小为 5 mm 至 1 cm 不等。该猫是家里唯一的动物，被严格地关在室内。患猫每月接受跳蚤和心丝虫预防治疗。跳蚤梳理、皮肤刮片和粪便漂浮检查均为阴性。皮肤压印涂片结果如图 69.2 所示。

Ⅰ. 该猫皮肤问题的临床术语是什么？应该考虑哪些鉴别诊断？

Ⅱ. 最初的治疗方案是什么？

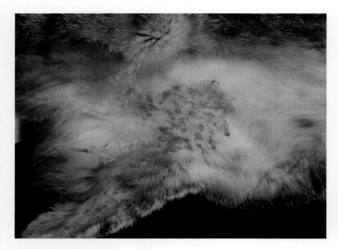

图 69.1　腹部脱毛、溃疡

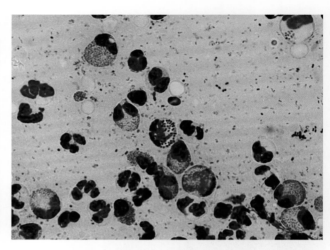

图 69.2　皮肤刮片镜检可见大量嗜酸性粒细胞和中性粒细胞等

病例 69：回答　Ⅰ.嗜酸性斑块。这是嗜酸性皮肤病变（通常称为"嗜酸性肉芽肿复合体"）的组成部分之一，还包括嗜酸性肉芽肿和惰性溃疡。重要的是要记住，这不是一个特定的皮肤病诊断，而是猫的临床症状／反应模式。这些病变主要是原发性疾病导致的，如皮肤癣菌病、跳蚤过敏性皮炎、寄生虫超敏反应（耳螨、背肛螨、戈托伊蠕形螨）、皮肤有食物不良反应或环境超敏反应（植物花粉、霉菌、室内尘螨）（Buckley and Nuttal，2012）。

Ⅱ.在这种情况下，最初的治疗应包括处理继发性脓皮病，因为细胞学上可见细胞内球菌。适当的全身治疗方案包括 21 天疗程的阿莫西林－克拉维酸钾、头孢泊肟或头孢维星。使用糖皮质激素（口服甲泼尼龙）并逐渐减量，可帮助缓解瘙痒和改善皮肤病变。不是在所有情况下都必须添加糖皮质激素，应该根据具体情况考虑，因为许多此类病变（及嗜酸性皮肤病变组中的其他病变）对单独使用抗菌药物完全有反应（Wildermuth et al.，2012）。初次治疗后，患猫应复诊，以确定病变发展的根本原因。这可能包括进一步的跳蚤控制措施、寄生虫消除试验、食物排除试验，或环境过敏的医疗管理／调查。在原发性疾病检查期间，可能需要反复使用全身性糖皮质激素来治疗嗜酸性病变的潜在斑块，随后的斑块可能并不总是影响相同的区域或呈现相同的表现形式。

病例 70

病例 70：问题　一只 10 岁猫突然出现油性皮脂溢和过度梳理导致脱毛（图 70.1、图 70.2）。体格检查显示脂溢性被毛蓬乱、腹部非炎症性脱毛，无其他皮肤病变。这只猫以前没有皮肤病史。主诉该猫看起来焦躁不安，多饮／多尿，食欲旺盛，体重减轻。

Ⅰ.对于一个过度理毛引发的猫腹部脱毛，你的鉴别诊断是什么？

Ⅱ.对该患猫应该调查可能的病因是什么？

Ⅲ.在对这种猫的情况进行医疗管理期间，可能会遇到什么独特的皮肤不良反应？

病例 70：回答　Ⅰ.因过度梳理导致的猫腹部脱毛的鉴别诊断包括跳蚤过敏性皮炎、姬螯螨皮肤炎、猫疥螨、戈托伊蠕形螨感染、虱子、皮肤有食物不良反应、环境过敏、接触性过敏、尿路感染、特发性膀胱炎、炎性肠病、关节炎、腹部肿瘤、精神性脱毛。

Ⅱ.油性皮脂溢在猫中非常罕见，当它发生时，应考虑为系统性疾病的皮肤症状：肝脏、胰腺或肠道疾病、药物性皮炎、甲状腺功能亢进、糖尿病、FeLV 或 FIV 和肿瘤。这是一例猫甲状腺功能亢进继发的油性皮脂溢和脱毛。患有这些疾病的猫的油性皮脂溢最有可能是由于猫理毛减少，而不是疾病直接引起的皮肤症状。

图 70.1　患猫被毛蓬乱

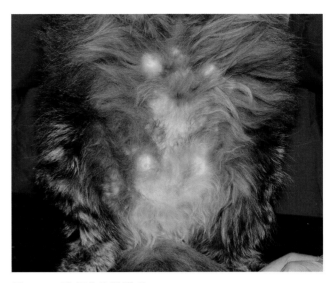

图 70.2　腹部非炎性脱毛

Ⅲ.严重的面部瘙痒与给猫服用甲巯咪唑有关，在使用药物的情况下，可能会有高达 15% 的猫出现相关症状（Voie et al.，2012）。

病例 71

病例 71：问题　一只 9 岁雌性绝育西施犬，被诊断为季节性特应性皮炎（秋季），并使用抗组胺药（西替利嗪）治疗。今天的主诉是 8 个月的复发性足部肿胀病史，对全身性抗生素（头孢泊肟）有反应，但在停止治疗后，临床症状迅速复发。体格检查发现，四只爪均有类似的色素沉着、鳞屑、结痂和粉刺，界限清楚（图 71.1、图 71.2），其余部分都很正常。根据病史和体格检查，皮肤刮片和细胞学检查被选为初步诊断。皮肤刮片如图 71.3 所示。

Ⅰ.此时你的诊断是什么？从临床的角度来看，这对患犬的医疗检查有什么意义？

Ⅱ.什么情况下，犬病变主要局限于爪？

病例 71：回答　Ⅰ.成年发作全身性蠕形螨病。成年蠕形螨病传统上被归类为 18 月龄后才开始出现的疾病。然而，一些作者不认为这种情况是"真正的"成年病，除非在 4 岁后首次发现临床症状。无论如何，在成年发

图 71.1　爪部鳞屑、结痂等病灶

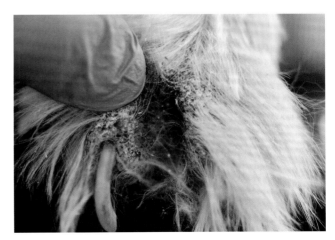

图 71.2　爪部鳞屑、结痂等病灶

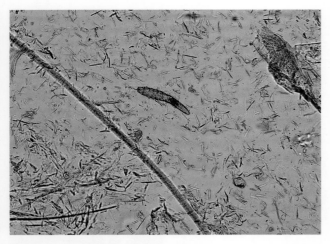

图 71.3 爪部刮片镜检可见蠕形螨

病的情况下，患犬应该评估潜在的疾病，是否有永久性的免疫抑制疾病。可能的病因包括营养不良、体内寄生虫病、糖皮质激素治疗、化疗、肿瘤、甲状腺功能减退、糖尿病和肾上腺皮质功能亢进。对于此类病例，最低限度的诊断检查应包括常规血液筛查（全血细胞计数和血清生化）、尿液分析、甲状腺检查，以及基于临床怀疑的垂体-肾上腺轴评估和影像学检查。重要的是要记住，对于存在严重的炎症性疾病（甲状腺功能正常的病态综合征）的患犬，总甲状腺激素浓度可能受到抑制。尽管进行了诊断检查，但许多病例（>50%）仍无法发现潜在疾病。这些病例应在诊断后的几个月内仔细监测，因为系统性疾病的症状可能在后期变得更明显。

Ⅱ. 对犬而言，病变最初会影响或仅局限于爪部的疾病包括蠕形螨病、皮肤癣菌病、钩虫性皮炎、线虫性皮炎、趾间毛囊囊肿、特应性皮炎、接触过敏反应、皮肤有食物不良反应、犬瘟热、落叶型天疱疮或寻常型天疱疮、利什曼病、对称型狼疮性指（趾）甲营养不良、系统性红斑狼疮、血管炎、锌反应性皮肤病、肝皮综合征、家族性或特发性鼻指角化过度。

病例 72　病例 73

病例 72：问题　一只 2 岁雌性绝育拳师犬，出现严重的渐进性瘙痒，据诉这种瘙痒在 2 ~ 3 个月前开始。先前曾进行过短期泼尼松治疗，起始剂量为 1 mg/kg，逐渐减少，瘙痒症状几乎没有缓解。患犬其他方面健康，目前正在接种推荐的疫苗。体格检查发现全身性红斑伴斑块状脱毛和表皮脱落，最明显的是耳朵周围、腋窝区域和后肢远端。从病变区域压印涂片进行细胞学检查，显示没有细菌或真菌病原。图 72.1 显示左侧耳廓凹面和右侧腋窝区域的皮肤刮片，在 2 个采集的样本上多视野均可观察到。

刮片样本上有什么？这个发现的意义是什么？

病例 72：回答　显示的棕色碎片是疥螨粪便颗粒，称为 scybala。在怀疑疥螨的皮肤刮取样本上出现这种物质，应该被视为发现卵或成年螨。然而，在临床医生缺乏经验或不确定的情况下，应该从患犬身上获取更多样本，观察是否可以获得疥螨，卵或成虫，以进行诊断。如果这些生命阶段不能通过额外的刮片获得，患犬仍然应该接受对疥螨的治疗。

病例 73：问题　一只 12 岁雌性绝育迷你雪纳瑞犬，肿物快速增长影响右前爪的第四指，导致过去几天非负重跛行（图 73.1）。大约 6 周前病变首次被观察到，为指垫附近的溃疡区域。病变的压印涂片显示中性粒细胞炎症，胞外和胞内均有球菌。细针抽吸显示非典型的梭形细胞，爪的 X 线片显示软组织肿块，未见骨骼侵袭。

Ⅰ. 对于犬单只受伤的趾或爪，可能的鉴别诊断是什么？在这个时候应该向主人提出什么建议？

Ⅱ. 最常见的影响犬爪床的肿瘤是什么？

Ⅲ. 什么情况最有可能同时影响犬的多只爪？

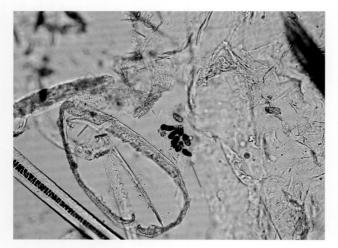

图 72.1　皮肤刮片镜检

病例 73：回答　Ⅰ.单只患病趾的鉴别诊断包括创伤、肿瘤或感染（细菌或真菌）。考虑到肿瘤的快速生长和细针抽吸结果，建议进行组织病理学活检、三视图胸片和局部淋巴结抽吸。在这个特殊的病例中，由于淋巴结抽吸和胸片检查结果不显著，有可能通过一次手术治愈，因此建议选择截指术。

Ⅱ.影响爪部最常见的肿瘤是鳞状细胞癌、恶性黑色素瘤、骨肉瘤、各种软组织肉瘤和肥大细胞瘤。在本病例中，组织病理学与纤维肉瘤一致。

Ⅲ.同时影响多只爪的情况包括对称型狼疮性指（趾）甲营养不良、系统性红斑狼疮、血管炎、药物不良反应、营养缺乏、肝皮综合征和利什曼病。

图 73.1　右前肢爪部肿物

病例 74　病例 75

病例 74：问题　一只犬因急性直肠出血急诊。患犬主人注意到该犬最近在舔舐肛周区域并疾走。这两种行为都被认为是异常的。体格检查发现肛门外侧 4 点钟位置（1 ~ 2 cm 处）有一个直径 5 mm 的溃疡性、引流性肛周病变（图 74.1）。

Ⅰ.最可能的诊断是什么？这种病变的其他主要鉴别诊断是什么？

Ⅱ.应该如何治疗？

病例 74：回答　Ⅰ.肛门囊脓肿破裂。根据患犬年龄，其他应考虑的鉴别诊断为肛门囊肿瘤和肛周瘘。

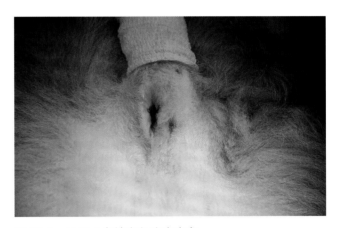

图 74.1　肛门 4 点钟方向溃疡病变

Ⅱ.这是由广泛的肛周疖病和蜂窝织炎引起的慢性疾病。在重度镇静或全身麻醉下，应用大量稀释的抗菌溶液（聚维酮碘或洗必泰）清洗和冲洗这些区域。然后再滴入抗生素，或涂抹糖皮质激素软膏。适当的广谱全身性抗生素应连续给予 14 天，并根据需要进行镇痛治疗。

病例 75：问题　若乳液、乳膏、软膏或溶液标签标记为浓度 0.3%，则每毫升含有多少毫克（mg/mL）活性溶质？

病例 75：回答　这是一个给许多人带来问题的简单计算，可以考虑几种不同的方式。

第一种方式是对于所需的任何百分比的溶液，求所含溶质毫克数的基本公式是 mg/mL =%×10。

所以，mg = %×10×mL，那么 0.3% 溶液所含溶质的毫克数为：

$$mg = 0.3 \times 10 \times 1$$
$$mg = 3$$

第二种方式是简单地基于理想化的假设，即 100% 浓度等于 1 g/mL 或 1000 mg/mL。基于这个假设，毫克／毫升（mg/mL）浓度简单地计算为 1000 的分数。所以，0.3% 溶液等于 0.003×1000 = 3 mg/mL。

第三种方式是将小数点右移一位，即毫克／毫升（mg/mL），如 0.3%=3 mg/mL，3.0%=30 mg/mL，或 30.0% = 300 mg/mL。

无论使用何种方式进行计算，0.3% 浓度相当于 3 mg/mL。

病例 76

病例 76：问题　一只 4 岁雌性绝育西高地白㹴犬因无法消退的脓疱而转诊。患犬前 14 天口服头孢氨苄 20 mg/kg，每天 2 次。主诉在过去两周内，没有观察到任何改善，而且新的"斑点"仍在继续出现。根据病史，采集细胞学样本，发现大量中性粒细胞，以及胞内和胞外存在双球菌。根据细胞学检查结果，怀疑是耐药细菌感染，采集完整的病变样本进行培养。细菌药敏报告结果见表 76.1。

Ⅰ. 什么是 D− 试验？

Ⅱ. 对于该患犬而言，可以选择哪些抗生素？

Ⅲ. 与这些可选择的抗生素相关的潜在不良反应有哪些？

病例 76：回答　Ⅰ. D−试验是微生物实验室用于鉴定可诱导克林霉素耐药性的双圆盘扩散试验。D−试验是通过将红霉素和克林霉素圆盘相邻放置来进行的。如果在克林霉素圆盘周围形成一个 D- 型抑制区，则细菌分离物被解释为对克林霉素耐药（图 76.1）。目前，兽医诊断实验室并没有定期进行这种试验，该试验有限的已发表的调查数据显示，与 MRSA 菌株相比，耐甲氧西林假中间型葡萄球菌菌株的可诱导克林霉素耐药性概率较低（Faires et al., 2009）。无论如何，在没有这项试验的情况下，如果药敏报告显示红霉素耐药但克林霉素敏感，则应避免使用克林霉素。

Ⅱ. 鉴于红霉素耐药，在这种情况下应避免使用克林霉素。沿着这些思路，四环素耐药性是通过获得四环素耐药性基因介导的，这些基因要么提供核糖体保护，要么为外排泵编码。四环素被用作一类指标，在四环素耐药性存在的情况下，即使结果表明是敏感的，也应该避免使用多西环素。一个例外是米诺环素，它不受最常见的四环素耐药性基因影响。具有 tet（K）基因的葡萄球菌可能对米诺环素敏感，即使它们对其他四环素类药物具有耐药性。在对患病动物使用该药之前，应要求进行特定的米诺环素敏感性试验。恩诺沙星、马波沙星、氯霉素和阿米卡星是该病例全身治疗的可能选择。

Ⅲ. 恩诺沙星的不良反应：幼龄动物出现呕吐、腹泻、厌食、肝酶升高和软骨缺损（不足 18 月龄的大型至巨型犬和 1 岁以下的犬应避免使用），很少观察到的副作用包括癫痫发作、共济失调和行为变化。马波沙星的不良反应：与恩诺沙星相似，但一般耐受性较好。氯霉素的不良反应：胃肠道不良反应最常见，可能有 50% 的动物会出现呕吐、腹泻或厌食，可逆的骨髓抑制、后肢无力和肝酶升高也有报道（Short et al., 2014）。阿米卡星的不良反应：肾毒性（高剂量、既往肾脏损伤、患病动物未适当补水）、呕吐和腹泻、注

表 76.1　培养总结

动物身份：001	样本：皮肤拭子
生长：大量，单一　微生物：假中间型葡萄球菌	

抗菌剂	假中间型葡萄球菌
阿米卡星	S
氨苄西林	R
阿莫西林 – 克拉维酸钾	R
头孢唑啉	R
头孢泊肟	R
头孢氨苄	R
氯霉素	S
克林霉素	S
多西环素	S
恩诺沙星	S
马波沙星	S
红霉素	R
苯唑西林	R
四环素	R
磺胺甲氧苄氨嘧啶	R

注：S，敏感；R，耐药。

图 76.1　D− 试验显示克林霉素耐药

射部位反应和耳毒性。在这种情况下，选择马波沙星，因为它在现有选项中具有最佳的安全性。

病例 77　病例 78

病例 77：问题　浅表细菌性毛囊炎（即脓皮病）是动物医学中常见的临床实例。图 77.1、图 77.2 显示脓皮病患病动物常见的两种病变。

Ⅰ. 每种病变的名称是什么？

Ⅱ. 如果怀疑有耐药性感染，每种病变应如何进行细菌培养？

病例 77：回答　Ⅰ. 图 77.1 为 3 个脓疱，图 77.2 为一个表皮环。

Ⅱ. 脓疱：①先用无菌针皮下刺破脓疱；②将培养棉签插入破裂脓疱内；③将培养拭子置于运输系统中；④采集的样本应提交给兽医参考实验室，因为与一般分离的微生物确实存在微妙的差异，可能会影响正确的鉴定和药敏报告；⑤应对脓疱进行细胞学检查，以确保取样的病变中存在细菌，并确保临床结果与培养结果相关。表皮环细菌培养用的是同样的过程，但不是进行穿刺，而是轻轻提起前缘（周围边缘），暴露出渗出边缘，并沿

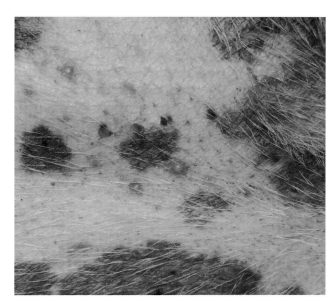

图 77.1　脓皮病病变 1

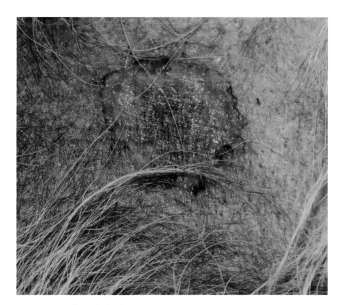

图 77.2　脓皮病病变 2

该边界滚动培养拭子对该区域进行取样。就像对待脓疱一样，培养后取样应进行细胞学检查，以确保细菌的存在和培养／临床结果的相关性。已描述一种替代这种方法的表皮环细菌培养方法，一个干燥、无菌的培养拭子简单地在表皮环上滚动 3 ~ 4 次，放置在运输系统中，然后提交到微生物实验室（White et al.，2005）。该方法简便、可靠，可用于假中间型葡萄球菌的鉴定。

病例 78：问题　该犬在过去 2 个月出现瘙痒（图 78.1、图 78.2）。注意背部和后腿的脱毛模式。该患犬此前曾接受过抗生素治疗，但适当剂量治疗未能好转，

图 78.1　犬背部和后肢脱毛

图 78.2　犬背部和后肢脱毛尾侧观

而用适当剂量的糖皮质激素治疗只能缓解部分瘙痒。皮肤刮片呈阴性，跳蚤梳理也没有任何异常。

　　Ⅰ. 根据所提供的信息，最有可能的诊断是什么？

　　Ⅱ. 这种疾病的治疗方法是什么？

　　病例 78：回答　Ⅰ. 跳蚤或跳蚤过敏性皮炎，这是犬跳蚤过敏性皮炎的典型表现。跳蚤过敏性皮炎是对跳蚤唾液中的过敏原的一种过敏反应，在某些动物身上发现少量或无跳蚤的情况并不少见。

　　Ⅱ. 管理犬跳蚤感染需要 4 个关键组成部分。首先，必须控制受感染动物身上的跳蚤数量。其次，家庭中的所有动物，即使没有表现出临床症状，也需要用成蚤预防剂进行治疗。再次，应彻底清洁环境并识别可能的储藏所。最后，还必须对继发性细菌和（或）酵母菌感染进行识别和治疗。

病例 79　病例 80　病例 81

　　病例 79：问题　在动物医学中，犬蠕形螨病是一种常见的寄生虫病。

蠕形螨的生命阶段是什么？如何识别它们？为什么在治疗期间要监测和记录每种蠕形螨的数量？

　　病例 79：回答　蠕形螨生命阶段包括卵、幼虫、若虫和成虫。卵通常呈梭形或柠檬状，浅粉色（图 79.1）。卵孵化成六足幼虫（图 79.2），幼虫蜕皮为八足若虫（图 79.3），最终是八足成虫，具有更明确和完全发育的细胞骨架特征（图 79.4）。在治疗期间监测犬时，记录取样位置、每个视野内的螨虫数量、未成熟螨虫与成虫的比例、活螨虫与死螨虫的数量是很重要的，这样可以确定治疗的效果。随着治疗的进展，从未成熟阶段到成年阶段的螨虫数量应该减少，死螨虫的数量应该增加，螨虫的总数量应该减少。如果由于任何原因在重新评估中没有看到这些趋势，当前治疗的有效性或主人依从性应受到质疑，并考虑替代治疗方案。

　　病例 80：问题　图 80.1 为 3 只 6 月龄德国牧羊犬。2 只公犬生来就有异常的被毛，在过去的几个月里，它们

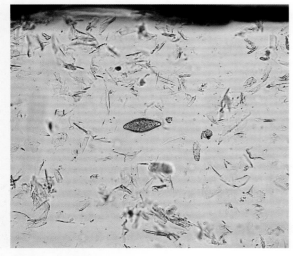

图 79.1　蠕形螨卵

图 79.2　蠕形螨幼虫

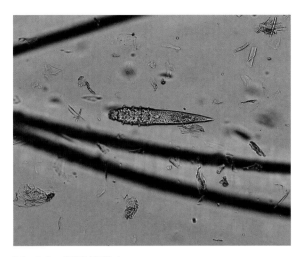

图 79.3　蠕形螨若虫

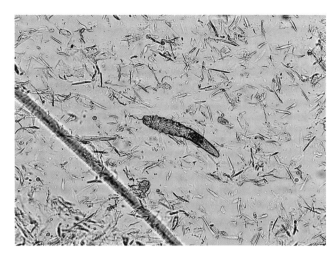

图 79.4　蠕形螨成虫

的脱毛现象变得更加明显。皮肤病学检查显示公犬的前额、腹侧和前肢近端没有被毛。母犬的检查结果未见异常。

　　Ⅰ.该疾病是什么？

　　Ⅱ.皮肤活检结果可能是什么？

　　Ⅲ.患有这种疾病的动物还有什么其他经常存在的外胚层缺陷？

　　病例 80：回答　Ⅰ.先天性 X 染色体性脱毛或 X 染色体性外胚层发育不良。在许多品种的犬中都有这种病的报道，偶尔也有猫的报道。患病动物可能出生时没有被毛，或在出生后的 4 ～ 6 周内脱毛。脱毛是

图 80.1　3 只德国牧羊犬外观

对称性的，通常发生在额颞部、骶部、腹部和四肢近端。该病无有效治疗方法。

　　Ⅱ.皮肤活检结果显示毛囊数量明显减少，毛囊、立毛肌、皮脂腺和毛上汗腺发育不全或完全缺失（图80.2）。

　　Ⅲ.另一种常见的外胚层发育不良表现为齿列异常（图 80.3）。然而，异常的腺体（毛上汗腺、无毛汗腺、皮脂腺、泪腺、气管腺和支气管腺）发育也可能导致体温调节异常、角膜疾病和呼吸道感染等问题。

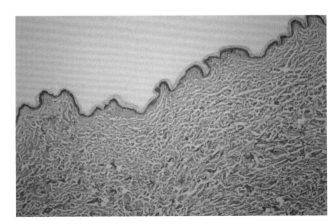

图 80.2　皮肤活检结果

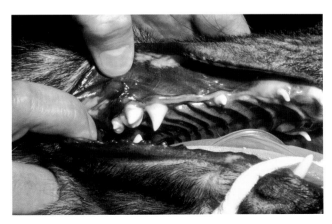

图 80.3　齿列异常

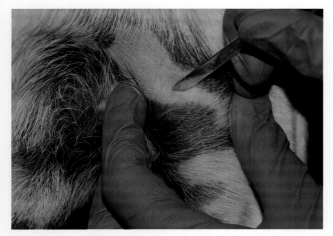

图 81.1　正在进行刮片

病例 81：问题　图 81.1 所示的金属器械是什么？

病例 81：回答　这种扁平的金属器械是刮皮肤的刮铲。这可以从医药或化学品供应商处购买，它也可以用作称重的抹刀。该器械可用于获得浅表和深层皮肤刮片。与传统的手术刀刀片相比，金属刮刀有许多优点。首先，这种刮刀可重复使用，比每次使用新的手术刀刀片更便宜。其次，更重要的是，对于患病动物和临床医生来说，这是一种更安全的采集样本的方法。刀刃的边缘锋利到足以对皮肤进行刮片，但又不足以划伤患病动物或临床医生。该器械十分适用于容易受伤的小的或挣扎的动物，并可用于刮取指间区域，这些都是很难用手术刀刀片充分刮取的。该工具的另一个用途是收集甲床、皮肤裂隙内的细胞学样本，或收集表面物质。

病例 82　病例 83　病例 84

病例 82：问题　昆虫生长调节剂通常用于现有的跳蚤预防产品。

Ⅰ. 昆虫生长调节剂的两种基本类型是什么？一般来说，它们是如何发挥作用的？

Ⅱ. 举例每一类药物。

Ⅲ. 每一类药物的优点和缺点是什么？

病例 82：回答　Ⅰ. 昆虫生长调节剂通常细分为保幼激素类似物或几丁质合成抑制剂。保幼激素类似物在本质上模仿天然昆虫保幼激素的作用。在跳蚤的正常发育过程中，保幼激素浓度下降会触发蛹期发育。这些药物能防止化蛹，也能杀卵。几丁质合成抑制剂干扰外骨骼的发育，并影响生命周期的非成虫阶段。尽管这两种药物都可以单独用于跳蚤控制，但当与其他杀虫剂联合使用时，这两种药物作为预防剂的效果更好。

Ⅱ. 最常用的保幼激素类似物是苯氧威、烯虫酯和吡丙醚。烯虫酯和吡丙醚可用于动物，并可作为项圈或外用产品；苯氧威在环境中使用。最常见的几丁质合成抑制剂是虱螨脲和灭蝇胺。虱螨脲是一种抑制几丁质的苄基苯酚，几丁质是跳蚤外骨骼的重要成分。灭蝇胺是一种氨基三嗪，它并不抑制几丁质，而是导致外骨骼变得僵硬，并导致致命的体壁缺陷，没有被广泛使用。

Ⅲ. 烯虫酯具有直接和间接杀卵、杀胚胎和杀幼虫的作用，不容易从动物或物体表面洗掉。该产品对猫是安全的，可以与其他产品结合使用。该药物的主要缺点包括对紫外线辐射的敏感性，且可能挥发并转移到其他地方。吡丙醚能杀卵和杀幼虫，对紫外线不敏感，即使在户外也非常稳定，对猫也很安全。它不容易被洗掉，会转移到床上用品。人们对这种药物的主要担忧是它可能会伤害非目标物种昆虫。

几丁质合成抑制剂是具有高安全性的全身性药物。它们是环境杀虫剂的替代品。在动物和人身上没有残留问题，而且在猫身上使用是安全的。这种药物的主要缺点是必须与食物一起服用才能被吸收，需要几个月的时间才能将跳蚤从环境中清除（即使在封闭的家庭环境中，也需要 3 个月以上消灭跳蚤），而且不能杀死成虫（Kunkle and Halliwell，2002）。

病例 83：问题　一只 5 岁雄性拉布拉多寻回猎犬的尾巴存在局部脱毛。主诉他们第一次注意到这个病变是在大约 1 个月前，随着时间的推移，病灶变得稍微大了一些。患犬无皮肤或耳部既往病史，主诉患犬生活没有受到病变的影响。体格检查并未发现明显异常，但尾部背侧有 4 cm×3 cm 椭圆形凸起的脱毛斑块，且有轻度鳞屑形成（图 83.1）。

Ⅰ.你的诊断是什么？可以推荐主人使用什么治疗方案？

Ⅱ.该疾病在猫上称为什么？临床表现有何不同？

病例 83：回答　Ⅰ.尾腺增生。所有的犬在尾部近端的背侧都有一个椭圆形区域，由简单的毛囊和大量的皮脂腺和肛周腺组成。在那些常规进行绝育的犬中，这种影响美观的疾病并不常见。当出现腺体增生时，该区域可能出现脱毛、渗出性、色素增厚、伴有粉刺或囊肿，并可发生感染，但感染并不常见。这种问题只影响美观，不需要治疗。然而，绝育可能可以改善患病动物的外观，但不大可能完全解决问题。当这种情况发生在已绝育的个体中时，应评估其肾上腺功能。

Ⅱ.猫尾腺增生或"种马尾"。猫的不同之处在于，腺体组织沿尾巴背侧的长度呈线性分布，而不是分散在单个区域。表现类似于犬，但猫身上往往堆积着更多的碎屑和脂溢性物质。

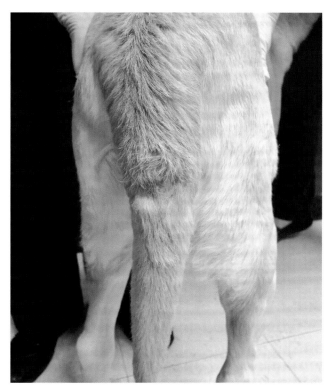

图 83.1　尾背侧脱毛斑块

病例 84：问题　一只 8 月龄已绝育雌性魏玛猎犬嘴唇出现"疣"。主诉在过去几周内，有一处病变发展到如图 84.1 所示大小。左右两侧唇内外均有病变。肿物对患犬没有影响，但病变部位很容易造成创伤，偶尔还会出血。

Ⅰ.临床诊断是什么？

Ⅱ.有哪些可能的治疗方案？

病例 84：回答　Ⅰ.犬口腔乳头状瘤病。犬口腔乳头状瘤病是一种传染性疾病，通常局限于幼犬的口腔或嘴唇。正常情况下，病变开始时是扁平的白色丘疹，几周后发展为菜花样增生性生长。病变通常会自行消退，但在某些情况下，它们可能会持续存在或恶化（图 84.2）。

Ⅲ.潜在的治疗方案包括手术切除（冷钢切除、冷冻手术、CO_2 激光）、接种重组犬口腔乳头状瘤病毒疫苗、口服阿奇霉素、注射高剂量干扰素或口服低剂量干扰素、口服西咪替丁和外用咪喹莫特。

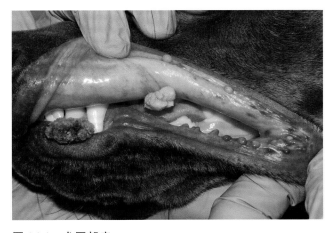

图 84.1　犬唇部疣

图 84.2　恶化的口腔乳头状瘤病

病例 85：问题　一只家养短毛猫出现唇部病变（图 85.1）。这种类型的病变在猫中很常见。

Ⅰ.该病变叫什么？

Ⅱ.该患猫的治疗方案是什么？

Ⅲ.猫中这些病变复发的最常见原因是什么？

病例 85：回答　Ⅰ.惰性溃疡。该病变与嗜酸性肉芽肿和嗜酸性斑块一起构成猫嗜酸性皮肤病变。这一术语常被不恰当地用作最终诊断，这 3 个病变实际上是猫的皮肤对原发性疾病的反应模式。惰性溃疡可发生在单侧或双侧，最常发生在上唇靠近人中或犬齿的位置。惰性溃疡可单独发生，也可与嗜酸性斑块和嗜酸性肉芽肿同时发生。

Ⅱ.尽管有报道称小的病变会自行消失，但患有惰性溃疡的猫应该接受治疗，因为病变会迅速扩大并影响美观。应进行病变的细胞学检查，以确定是否有胞内细菌，因为继发细菌感染变得常见（Wildermuth et al.，2012）。作者认为，未能正确识别和处理继发性感染是治疗失败的常见原因。消除病变的临床治疗包括使用抗生素和糖皮质激素进行全身治疗。抗菌治疗应包括以下药物之一：阿莫西林 - 克拉维酸钾（62.5 mg，PO，q12 h）、头孢维星（8 mg/kg，SC，q14 d）、头孢泊肟酯（5 ~ 10 mg/kg，PO，q24 h）或克林霉素（10 ~ 15 mg/kg，PO，q12 h）；甲泼尼龙（1 ~ 2 mg/kg，PO，q24 h）或泼尼松龙（1 ~ 2 mg /kg，PO，q24 h）进行全身性糖皮质激素治疗有效。对于难以口服药物的猫，可注射醋酸甲泼尼龙（每只猫最多 20 mg，SC）作为替代方案，但是，应该谨慎使用此选项。

Ⅲ.猫的复发性溃疡最常见的原因是猫对寄生虫、跳蚤、食物或环境过敏原的潜在过敏性超敏反应。在少数情况下，复发性病变也与病毒或皮肤真菌感染有关。未能正确识别和解决主要的潜在原因将导致这些患猫的复发。

病例 86：问题　一只 3 岁已绝育雌性拳师犬因疑似脓皮病就诊。对腹部的众多脓疱中的一个进行细胞学检查。在显微镜下观察载玻片时，会看到许多类似于图 86.1 的视野。

图中的 3 个绿色箭头指什么？

病例 86：回答　这是染色沉渣。这种人工伪像有时会被无经验的兽医和工作人员误认为是细菌。染色沉渣是由染色剂的 pH 值变化引起，如当染色剂变得非常脏，如果没有及时更换染液或长时间暴露导致染色剂蒸发和浓缩，或者染色后的载玻片没有被适当冲洗。

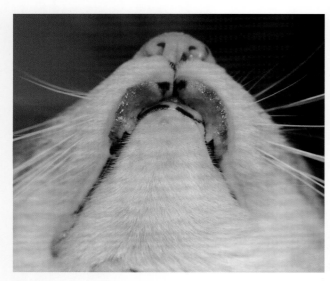

图 85.1　唇部病变

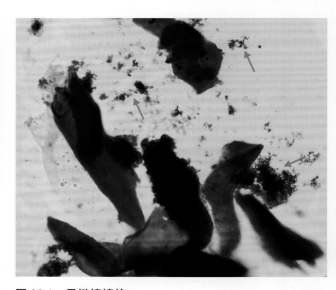

图 86.1　显微镜镜检

病例 87：问题　一只 4 岁已绝育雌性拉布拉多寻回猎犬，主诉其摇头、抓挠、严重耳痛并伴有恶臭分泌物。患犬主人在过去一周内第一次发现了临床症状。在检查中发现双耳耳道中有明显的黏液脓性分泌物。罗曼诺夫斯基染色（图 87.1）和革兰氏染色（图 87.2）染色后的渗出液如图所示。

　　I.该患犬继发性感染最可能的病因是什么？

　　II.在这种情况下进行经验性局部治疗，哪种抗生素是合适的选择？

　　III.犬外耳炎治疗失败的常见原因是什么？

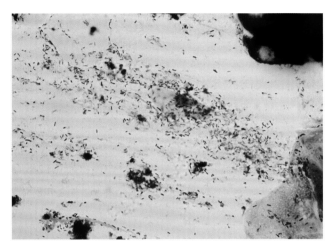

图 87.1　渗出物细胞学染色镜检

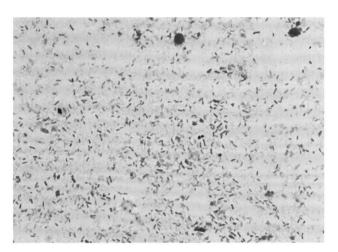

图 87.2　渗出物革兰氏染色镜检

　　病例 87：回答　I.细胞学检查显示存在革兰氏阴性杆菌群。鉴于临床症状和细菌特征，铜绿假单胞菌是最有可能的病原体。其他与犬细菌性耳炎相关的革兰氏阴性杆菌包括变形杆菌、大肠杆菌和克雷伯菌。与假单胞菌相关的细菌性外耳炎常表现为急性、严重的化脓性炎症、耳道溃疡、不适和疼痛，需要立即治疗。

　　II.大多数被批准用于犬外耳炎的外用产品都含有抗菌剂、抗真菌剂和糖皮质激素的组合。在选择产品时应考虑以下几个因素：①靶标生物是什么？②所选择的药物能完全杀死病菌并减少耐药性的可能性有多大？③哪种产品导致不良反应的可能性最低？④主人遵守治疗方案的可能性有多大？考虑到靶标生物，市售的可供选择的潜在抗菌药物包括氟喹诺酮类药物（恩诺沙星、马波沙星和奥比沙星）、氨基糖苷类药物（新霉素和庆大霉素）、多黏菌素 B 或磺胺嘧啶银。在这种情况下，由于过量渗出液导致鼓膜可视性差，可能存在对鼓膜完整性的担忧，氟喹诺酮类药物可能是最佳选择。氟喹诺酮类药物靶向正对病原微生物，可高剂量给药，具有剂量依赖性，便于每天一次给药，以帮助提高治疗依从性，并避免氨基糖苷类药物和多黏菌素 B 存在的潜在耳毒性问题。

　　III.作者观察到犬外耳炎治疗失败的 3 个常见原因。第一个原因是缺乏适当的治疗时间。所有犬外耳炎病例都应至少用药 2 周，并随访检查和重复细胞学检查以确定是否应延长治疗时间。虽然一些进入兽医市场的较新的商业产品需要给药时间不足 2 周，但大多数产品在耳道内的残留活性超过了 2 周。治疗失败的第二个原因是注入耳道的药物量不足。虽然目前还不清楚注入到犬耳内确保适当接触的药物的确切剂量，但很明显，大多数商业耳用产品上标明的标准推荐耳滴剂量是不够的，尤其是对于大型犬。第三个原因实际上是由于复发的细菌或真菌外耳炎导致治疗失败。重要的是要记住，对于复发性外耳炎，细菌或真菌成分是由原发问题引起的继发性感染。犬外耳炎的主要原因包括寄生虫、过敏性超敏反应、内分泌功能障碍、异物、角化障碍或肿瘤。如果不能妥善处理继发性感染的主要原因，尽管对感染部分进行了充分治疗，但仍会复发。

病例 88　病例 89　病例 90

　　病例 88：问题　一只 2 岁雄性去势家养短毛猫，被当地收容所收养后送来评估。主人未发现患猫有异常表现，体格检查和血液学检查均正常。然而，在粪便漂浮试验中发现以下情况（图 88.1）。

Ⅰ. 这是哪种寄生虫?

Ⅱ. 与螨科的其他物种相比,该物种有什么独特之处呢?

Ⅲ. 此时对该患猫的建议是什么?

病例 88:回答　Ⅰ. 戈托伊蠕形螨。

Ⅱ. 与蠕形螨的其他变种相比,该螨是独一无二的。①它是目前已知的唯一一种传染性蠕形螨病。②它被认为是猫瘙痒的主要原因。在没有继发性感染的情况下,其他种类的蠕形螨不会引起瘙痒。③它寄生在皮肤表面,其他种类的蠕形螨寄生在毛囊。④石硫合剂是目前最有效的治疗方案,这一点与引起犬猫患病的其他蠕形螨不同。

Ⅲ. 基于对猫蠕形螨病治疗方案的有限循证回顾,有证据支持每周用 2% 石硫合剂局部药浴一次(Mueller,2004)。到目前为止,石硫合剂是猫戈托伊蠕形螨感染最有效的治疗方法。也有证据支持推荐使用双甲脒冲洗(每周 0.0125% ~ 0.025%)。与犬相比,猫可能对这种治疗方案的副作用更敏感,如果考虑这种方案,一般建议使用较低的浓度。也有病例报告描述了含 10% 吡虫啉和 2.5% 莫西克丁的混合滴剂产品的疗效(Short and Gram,2016)。有趣的是,一种含有 28% 氟雷拉纳溶液的局部滴剂产品在按照标明的剂量和频率使用时,也被观察到可有效预防猫的跳蚤。在被广泛接受为护理标准之前,需要进行精心设计的临床试验来评估这些治疗方案。此外,对于患猫的主人来说,所有与患猫有接触的猫都应该接受治疗,因为这是一种具有传染性的寄生虫,而且应该通知收容所,让他们知道可能接触了这种寄生虫或地方病。

病例 89:问题　图 89.1 为一个姬螯螨的卵。

哪些其他诊断方法可以用来证明这种螨虫是犬或猫的病因?

病例 89:回答　可通过发现的螨或卵证实姬螯螨病的诊断。已经提出了许多技术,包括皮肤刮片、醋酸胶带粘贴,使用跳蚤梳梳理患病动物并收集样本到皮氏培养皿中,然后通过解剖显微镜观察,或者将样本溶解在 10% 氢氧化钾中,用粪便漂浮试验观察,类似于评估患病动物的肠道线虫。对猫来说,粪便漂浮试验可能会有收获,因为该物种有认真梳理的习惯,使螨虫在检查中更难识别。重要的是要记住,在粪便漂浮试验中,姬螯螨的卵与钩虫的卵类似,只是更大一些。

病例 90:问题　吡丙醚和烯虫酯都是保幼激素类似物,通常用于跳蚤治疗/预防。

根据预期患病动物的生活方式,这两种产品之间的主要区别是什么?

病例 90:回答　这些产品的主要区别在于它们在紫外线下的稳定性。烯虫酯对紫外线敏感,因此,对于主要生活在户外的犬或猫来说,选择甲氧普林是不恰当的。

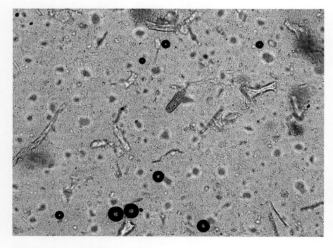

图 88.1　粪便漂浮试验镜检

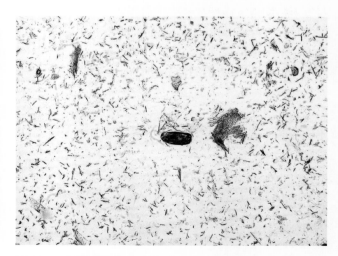

图 89.1　姬螯螨卵

病例 91：问题　5 岁德国牧羊犬剪掉被毛后的侧面（图 91.1）。该犬因发热、抑郁、恶臭和瘙痒就诊。经检查，在后肢外侧和腹部区域发现多个出血性大疱和带有血清样分泌物流出的引流道。在操作这些部位时患犬感到疼痛。

Ⅰ. 根据主诉和检查结果怀疑什么临床疾病？

Ⅱ. 应该推荐什么样的诊断方法？

Ⅲ. 对该患犬推荐的治疗方法是什么？

图 91.1　德国牧羊犬剪毛后侧面观

病例 91：回答　Ⅰ. 本病例的临床表现和检查结果与德国牧羊犬脓皮病一致。目前对该综合征知之甚少，确切的病因尚不清楚，但认为是多因素造成的，可能是免疫缺陷的结果。该综合征是一种独特的复发性深部脓皮病，病变通常见于腰骶部、腹部和大腿。这种情况发生在中年德国牧羊犬中，有家族倾向。鉴于对这种情况缺乏全面的了解，它应该简单地被视为典型的德国牧羊犬临床综合征，由易感个体的各种可能的病因引发（Rosser，2006）。

Ⅱ. 首先，应进行皮肤刮片以排除蠕形螨病这个可能的潜在病因。还应采集皮肤细胞学样本，以验证病变中是否存在细菌。应持续使用杀成年跳蚤预防措施，以排除潜在的跳蚤过敏性皮炎作为诱发原因。其次，应进行常规血检，如全血细胞计数、血清生化、尿液分析和总甲状腺素水平，以筛查患犬是否存在潜在的内分泌疾病，如甲状腺功能减退，作为继发性脓皮病的主要原因。最后，由于这是深部脓皮病，应进行细菌培养，以帮助选择适当的全身性抗生素。进行深部脓皮病细菌培养有以下几个原因：①许多患犬以前曾使用抗生素进行治疗，耐药性的发生率增加（分离出的细菌最常见的是假中间型葡萄球菌）；②深部脓皮病需要延长抗菌药物治疗疗程，从一开始就应选择理想的全身性抗生素；③应进行需氧、厌氧和真菌培养，因为厌氧和真菌感染可能与该综合征的临床表现相似。

Ⅲ. 根据培养和药敏结果，对这种情况的治疗应使用全身性抗生素。重要的是，无论选择何种抗菌剂，都要以适当的剂量和频率给予。此外，治疗持续时间应适当。深部脓皮病的治疗原则是临床痊愈后继续治疗 2 周。这可能会导致一些犬使用抗生素长达 6 ~ 8 周，严重的情况下甚至更长时间。一些作者也建议使用漩涡浸泡来加速临床病变的消退。这些患犬的脓皮病是深层的而不是浅的，而且许多患犬在治疗初期会感到疼痛，因此使用外用药物（如洗发香波）应该受到质疑。然而，如果可能的话，局部洗发疗法应纳入治疗方案。每 2 ~ 4 周应安排复检，直到痊愈。要确定识别和治疗复发感染的主要原因，以防止进一步发作，也很重要。可能导致这种反复感染的主要原因是跳蚤过敏性皮炎、特应性、皮肤有食物不良反应和内分泌疾病（如甲状腺功能减退、库欣病等）。

病例 92：问题　一只 4 月龄猫双耳脱毛和结痂（图 92.1）。进一步询问主人后发现，该猫是家里唯一的猫，2 周前从当地收容所领养。主人还注意到该患猫经常抓挠耳部。伍德氏灯检查发现猫的被毛没有显示绿色荧光。皮肤刮片、跳蚤梳、皮肤细胞学和耳拭子也未发现任何潜在的病因。采用刷试培养技术接种在 DTM 平板上。鉴于其表现和体征，尽管诊断结果为阴性，但皮肤癣菌病仍是该患猫临床病变的主要鉴别诊断。

Ⅰ. 在获得最终的培养结果之前，在接下来的 1 ~ 2

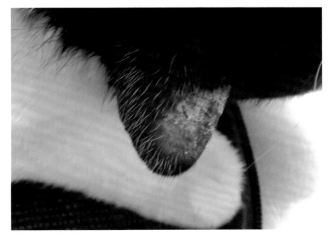

图 92.1　耳廓脱毛和结痂

周内，应提出哪些重要的建议？

　　Ⅱ.在院内解读 DTM 培养结果时，最常见的错误是什么？

　　病例 92：回答　　Ⅰ.第一，在疾病确诊之前，主人应该限制患猫在家里容易清洁的区域活动，以防止孢子在周围环境传播。第二，主人应该清理患猫经常出入的区域，用机械设备清除杂物，清洗衣物以消除污染。第三，对不能彻底清洗的物品使用消毒剂。第四，应鼓励主人对患猫开始局部治疗，以尽量减少孢子在环境中的传播。全身性抗真菌药物只能用于通过细菌培养、皮肤真菌 PCR 或观察细胞学／被毛镜检上的真菌成分确诊的患猫。第五，患猫可能出现的任何其他健康问题都应该得到解决。第六，在处理患猫后，应指导主人增加常识并注意卫生，因为皮肤癣菌病是一种人畜共患病。

　　Ⅱ.院内 DTM 真菌培养遇到的最常见问题是，当以培养基颜色变化作为唯一的诊断标准来鉴别皮肤癣菌病时，会出现大量假阳性结果。虽然皮肤癣菌会引起颜色变化，但许多非皮肤癣菌也会引起颜色变化，并且可能具有相似的菌落形态。确诊还是需要显微镜鉴别。由于动物医生或工作人员对显微镜下真菌元素的外观缺乏辨识度，这是最常被跳过的步骤。

病例 93　病例 94

　　病例 93：问题　　一只 5 岁家养短毛猫出现右侧面部肿胀和窦道，鼻梁也受到影响（图 93.1）。主诉病变最初是鼻子右侧的一个肿块和结痂，后来逐渐增大，尽管接受了几个疗程的全身性抗生素，但病变逐渐扩大，病情变得更加严重。该患猫生活在美国中西部地区，主要生活在室内，偶尔也会在户外活动，无人看管。尽管有相当严重的皮肤病变，但患猫其他方面是健康的，只有直肠温度轻微升高。对开放性病灶的渗出物进行压印涂片，其结果如图 93.2 所示。

　　Ⅰ.你的诊断是什么？感染的可能来源是什么？

　　Ⅱ.哪些药物已被成功用于治疗猫的这种疾病？预后如何？如何监测治疗？

　　病例 93：回答　　Ⅰ.隐球菌病。这种生物是通过围绕酵母细胞的荚膜进行识别。这是一种由新型隐球菌或 *C.gattii* 引起的深层真菌病。这种真菌在世界各地分布，通常与腐烂的植被和鸽子粪便有关。隐球菌病是最常见的猫深部真菌病。病原体主要是通过空气传播，鼻腔是主要感染部位，接种和摄入该微生物也会导致疾病。临床症状包括上呼吸道疾病、慢性鼻分泌物、鼻梁肿块、神经系统障碍、皮肤结节和眼部疾病。

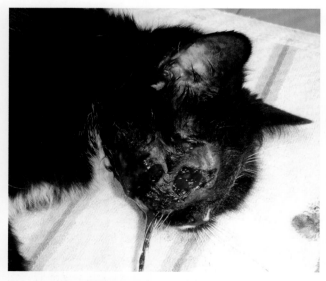

图 93.1　猫咪病变侧面观

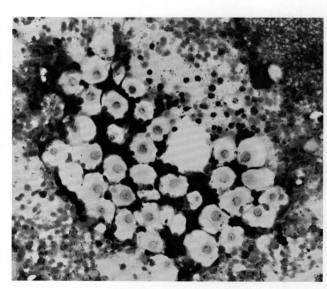

图 93.2　渗出物压印涂片镜检

Ⅱ. 已用两性霉素 B、酮康唑、伊曲康唑、氟康唑和特比萘芬成功地治疗猫隐球菌病。然而，猫对两性霉素 B 和酮康唑的耐受性不佳，应尽量避免使用。目前，氟康唑被认为是首选治疗方法，因为它比其他选择更容易被猫接受，而且比伊曲康唑更能穿透中枢神经系统和眼睛等部位。此外，有限的研究表明氟康唑的总体治疗持续时间更短（Pennisi et al., 2013）。总体而言，大多数病例预后良好，除非发生神经系统疾病和扩散。图 93.3 显示患猫仅用氟康唑治疗和处理伤口 8 周后的情况。可使用隐球菌荚膜抗原试验监测治疗，该试验可用血清、脑脊液或尿液进行。继续治疗直到抗原试验呈阴性。如果主人不希望进行这项试验或无法进行此试验，那么治疗应该继续，直到临床症状消退至少 2 ~ 4 个月。

图 93.3　氟康唑治疗 8 周后症状

病例 94：问题　图 94.1 显示了一种专利食品，可被认为是一种新型蛋白质饮食，可用于食物排除试验。

Ⅰ. "新型"一词是什么意思？有哪些商业新型蛋白质来源的例子？

Ⅱ. 犬和猫常见的食物过敏原是什么？

Ⅲ. 为患病动物寻找合适的新型蛋白质饮食存在哪些问题？

Ⅳ. 当与主人讨论非季节性瘙痒犬的建议时，主人说他们在网上做了很多功课，想知道为什么你推荐食物排除试验，而不是他们已经做了很多的血液测试。如何回答这个问题？

病例 94：回答　Ⅰ. "新型"指的是患病动物从未接触过的一种新蛋白质。然而，很多时候，novel 被解释为低过敏性，但事实并非如此。新型蛋白质并没有什么特别之处，只是简单的概念，即患病动物之前没有食用过这种食物，因此，对这种食物产生过敏性超敏反应的可能性极低。市面上可买到的新型蛋白质饮食包括鹿肉、兔肉、鸭肉、袋鼠肉、羊肉、短吻鳄、野牛肉和马肉。

Ⅱ. 在犬中，与皮肤有食物不良反应相关的最常见食物是牛肉、乳制品、鸡肉、小麦、羊肉、大豆、

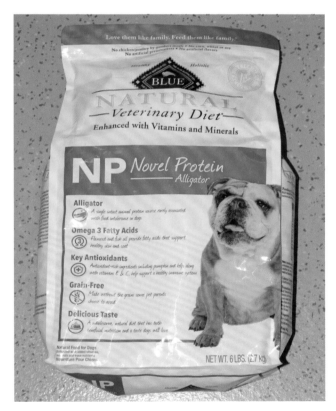

图 94.1　一种新型蛋白质食品

玉米、鸡蛋、猪肉和鱼。在猫中，记录或报告的最常见食物过敏原是牛肉、鱼、鸡肉、小麦、玉米、乳制品、羊肉和鸡蛋（Mueller et al., 2016）。重要的是要记住，食物过敏原在不同地区的常见程度不同，反映了该地区宠物食品中常见的成分。

Ⅲ. 在尝试为患病动物寻找一种商业可用的新型蛋白质饮食时，存在两个主要问题。第一个问题是很难从许多宠物主人那里获得准确的饮食史。有研究表明，可通过酶联免疫吸附试验（enzyme-linked immunosorbent assay，ELISA）、PCR 和骨碎片沉淀分析鉴定非处方饮食中未申报的蛋白质来源，因此这个问题变得更加复杂（Ricci et al., 2013）。这些研究表明，即使你能获得准确的饮食史，也极有可能宠物接触了标签上未包括的其他

蛋白质。第二个问题是对潜在的交叉反应的担忧。从理论上讲，在分类学上越接近的物种，个体对两个物种都过敏的风险就越高。实际上，如果患病动物对牛肉过敏，那么该患病动物也有可能对羊肉、鹿肉、野牛等其他反刍动物过敏。尽管这一概念在兽医患病动物中没有得到充分的记录，但在排除试验中为患病动物选择最合适的饮食时，这确实是一个考虑因素。

Ⅳ. 对这个主人特殊问题，简单回答是，虽然公司提供食物过敏原的血液检测，但这些测试在独立评估时不能可靠地区分过敏和非过敏宠物，重复性低，在确定食物过敏患病动物的食物过敏原方面不准确。因此，目前它们并不可靠，不能被推荐（Mueller and Olivry，2017）。

病例 95　病例 96　病例 97　病例 98

病例 95：问题　最近，两种类似的长效耳用药物 Claro 和 Osurnia 被引入兽医市场。
这两种产品的主要区别是什么？

病例 95：回答　虽然这两种产品性质相似，但配方和标签管理方面存在一些差异，用户应注意。这两种产品的第一个区别与介质配方有关，Claro 是一种溶液，而 Osurnia 是一种凝胶。第二个区别是这两种产品中的类固醇也不同。Claro 含有莫米松，而 Osurnia 含倍他米松。第三个区别是各自所含抗生素的浓度。两种产品都含有氟苯尼考和特比萘芬这两种有效成分，但它们的含量略有不同。氟苯尼考和特比萘芬在 Claro 中的浓度分别为 1.66% 和 1.48%，而在 Osurnia 中均为 1%。第四个区别是标明的给药方式不同。使用 Claro 时，将产品注入患耳一次，预计有效时间为 30 天，在此期间不应清洗患耳，因为可能影响疗效。Osurnia 的使用方法则是滴入患耳一次，第七天再使用一次，首次给药后 45 天内不清洗耳道，以免破坏凝胶与耳道的接触。

病例 96：问题　犬和猫黄蝇感染病例的典型表现为皮肤和皮下组织的大型结节性肿胀，中央有一个开口。
Ⅰ. 除皮肤表现外，犬和猫黄蝇感染还有哪些其他症状？
Ⅱ. 有什么非手术方法可以尝试去除黄蝇幼虫？

病例 96：回答　Ⅰ. 其他已报道的临床症状通常与幼虫通过皮肤以外的组织异常迁移有关。这些症状包括过敏反应、呼吸系统并发症、眼部问题和中枢神经系统症状。据报道，神经系统症状包括精神迟钝和癫痫发作。有帮助的病史发现可能表明患病动物的神经系统症状与异常的幼虫迁移有关，包括首次观察到症状的时间（7—9月；北半球）、户外暴露或最近的上呼吸道感染（Glass et al.，1998）。此外，最近的一项研究表明，小型犬也可能有严重的全身性表现，如蛋白丢失性肾病、系统性炎症反应综合征、弥散性血管内凝血或多器官功能障碍，这些都可能导致死亡（Rutland et al.，2017）。
Ⅱ. 当有较小的幼虫存在，或当主人的经济非常有限，鼓励幼虫"自我排出"是一种偶尔能成功的技术。执行这项技术需要在呼吸孔上放置一种封闭性的乳液、软膏或物质（如凡士林），然后触发寄生虫返回洞外。

病例 97：问题　时值晚春，当地电视台也在播放有关日光浴危害的公共服务公告。公告中列出了过度暴露在阳光下可能导致人类罹患的各种皮肤肿瘤（基底细胞瘤、鳞状细胞癌和黑色素瘤）。他们强调，有任何可疑病变的人都应该去看医生。一天，一个非常紧张的主人打电话要求给她的犬做皮肤肿瘤筛查。在检查过程中，发现西高地白㹴犬的背部有一个凸起的、单个的、色素沉着的病变，并迅速发展（图 97.1）。
Ⅰ. 最有可能的诊断是什么？如何处理这种病变？
Ⅱ. 品种在预测预后中起什么作用？
Ⅲ. 病变部位在预测良性或恶性中起什么作用？

病例 97：回答　Ⅰ. 最可能的原因是黑色素细胞瘤或皮肤黑色素瘤。皮肤黑色素瘤可以是良性或恶性的。良性病变（也称为黑色素细胞瘤）通常是边界清晰、色素沉着、直径小于 2 cm 的游离肿物。色素沉着区域是先天性的，有可能是部分犬的正常皮肤颜色被称为黑色素细胞瘤。选择的治疗方法是根治性手术切除，并提交病灶的组织学检查和边缘评估。

Ⅱ.品种可能在鉴别诊断、发展和可能的生物学行为中起重要作用。皮肤黑色素瘤在皮肤色素沉着的犬中更常见，如雪纳瑞（小型和标准）和苏格兰㹴犬。先前的犬种及爱尔兰塞特犬和金毛寻回猎犬患甲下黑色素瘤的风险增加。吉娃娃、金毛寻回猎犬和可卡犬更容易患上唇部黑色素瘤，而德国牧羊犬和拳师犬则更容易患口腔黑色素瘤（Smith et al.，2002）。

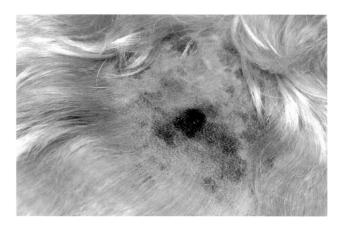

图 97.1　单个、色素沉着病变

Ⅲ.发生在口腔的黑色素细胞瘤是最常见的口腔恶性肿瘤，应始终认为具有侵袭性。皮肤黑色素瘤很常见，但只有不到 5% 最终被归为恶性。甲下黑色素瘤是第二大常见的爪部肿瘤，超过 50% 的病例有转移的放射学证据（Smith et al.，2002）。

病例 98：问题　一只 5 岁已去势雄性罗得西亚脊背犬，主诉在上个月注意到其出现坚实、深褐色至黑色的凸起。体格检查显示，在左后肢外侧和腰椎背侧区域，有几个小的、直径 5 ～ 6 mm 的色素沉着丘疹（图 98.1），触诊时感觉坚实。主人最近被诊断出患有黑色素瘤，担心自己的犬也可能患有相同的疾病，因此要求你对几个肿物进行活检，以确定它们的来源。

描述使用皮肤活检采样器获取活检样本的基本步骤。

病例 98：回答　第一步是不去碰触采样部位，或者轻轻地夹住该部位，如果需要的话，用 70% 酒精溶液轻轻地浸湿采样部位（图 98.2）。必须小心，确保皮肤没有受到损伤或没有清除有意义的表面碎片。如果存在结痂或怀疑角化障碍，应避免剃毛和轻度清洗。不应该擦洗组织病理学样本的活检部位，这些动作可能会消除重要的表面病变或造成医源性炎性病变。第二步，在病灶下皮下区域每个部位使用 25 号或更小的针头注入大约 1 mL 的局部麻醉药（1% ～ 2% 利多卡因），（对于较小的患犬，应在此步骤之前计算利多卡因的毒性剂量，以免超过潜在的毒性阈值）（图 98.3）。注射利多卡因会有刺痛感，可能会导致一些动物抵触这个过程。使用比例为 10：1 的碳酸氢钠（利多卡因：碳酸氢钠）可以缓冲利多卡因。应注意确保利多卡因不直接注射到病变处或皮内。然后将皮肤活检采样器直接置于病灶上方。6 mm 直径的活检采样器通常足以采集足够的样本，但在本病例中使用 8 mm 活检采样器以确保完整切除病变（图 98.4）。第三步，应绷紧活检部位周围的皮肤，以防止剪切到样本，并在采样器上施加轻柔而有力的压力，同时单向旋转采样器，直到样本脱离周围的组织。在获取样本时，没有必要使整个采样器刀片完全进入皮肤，特别是在皮肤较薄的区域。然后捏住活检组织周围的皮肤，以帮助取出样本，抓住样本的皮下蒂部，将样本提起，用弯曲的虹膜剪或手术刀片进行切除（图 98.5）。在这一步骤中需要注意防止人为破坏样本或清除表面碎片（如结痂）。将样本放在压舌板上，让其稍微干燥并附着，再放入福尔马林（图 98.6）。这一步有助于防止样本卷曲，并允许病理学家在修剪和切片之前更好地定位样本。第四步，用单一十字或简单的间断缝合法缝合缺损（图 98.7）。

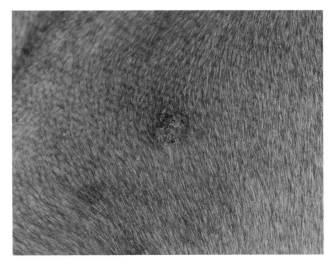

图 98.1　色素沉着的丘疹

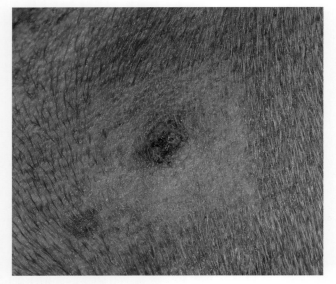

图 98.2　对病变部位进行消毒

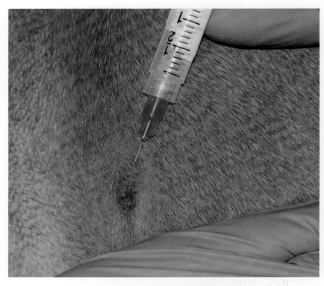

图 98.3　对病变部位皮下注射利多卡因

图 98.4　活检取样

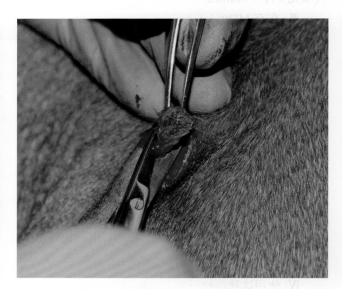

图 98.5　虹膜剪切除病变根部

图 98.6　活检组织样本外观

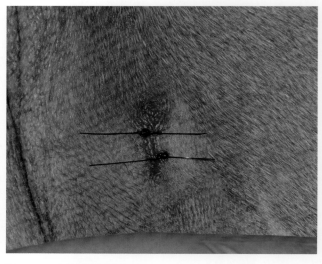

图 98.7　间断结节缝合

病例 99：问题　大环内酯通常用于治疗犬和猫的体外和体内寄生虫。对于多重耐药性 –1（multidrug resistant，MDR-1）基因突变影响 p– 糖蛋白的患病动物，这类药物的使用引起了关注。

Ⅰ. 基因突变对 p– 糖蛋白究竟有什么影响？

Ⅱ. p– 糖蛋白存在于体内的什么部位？

Ⅲ. 除了大环内酯外，还有哪些药物可能对 MDR-1 基因突变患病动物产生影响？

Ⅳ. 在犬中以临床剂量给药时，哪些药物会导致 p– 糖蛋白抑制，从而产生药物间的相互作用，可以模拟在 MDR-1 基因突变犬中观察到的不良反应？

病例 99：回答　Ⅰ. p– 糖蛋白是一种跨膜外排转运蛋白。MDR-1 基因突变（也称为 ABCB1–Δ1 基因）导致 4 个碱基对基因缺失，产生几个过早终止的密码子，这导致 p– 糖蛋白片段的产生，从而导致转运蛋白功能受损。

Ⅱ. p- 糖蛋白存在于小肠、结肠、胆管、肾小管、中枢神经系统、血脑屏障、胰腺、胎盘、血视网膜屏障和血睾丸屏障（Martinez et al.，2008）。

Ⅲ. 在有 MDR-1 基因突变的犬中观察到的过度副作用或毒性的其他药物包括阿霉素、长春新碱、长春花碱、地高辛、布托啡诺、洛哌丁胺乙酰丙嗪和昂丹司琼（Mealey，2013）。

Ⅳ. 许多基于人类或啮齿动物实验数据的药物可以抑制 p– 糖蛋白功能，包括氟西汀、红霉素、酮康唑、伊曲康唑、地尔硫卓、奎尼丁、维拉帕米、环孢素、他克莫司和多杀菌素。然而，在犬体内这些潜在的临床相关药物间相互作用的证据仅存在于酮康唑和多杀菌素。酮康唑已被证明在缺乏 MDR-1 基因突变的犬体内增加伊维菌素的脑渗透，当两种药物共同使用时会导致神经毒性。同样的神经毒性也发生在同时接受多杀菌素用于预防跳蚤和伊维菌素治疗蠕形螨病的犬身上。此外，在接受化疗的同时使用酮康唑的犬中也出现了严重的不良反应（Mealey and Fidel，2015）。

病例 100：问题　图 100.1 为硕腾公司生产的 3 种规格的奥拉替尼（Apoquel）片剂。

Ⅰ. 这种药的标签适应证是什么？

Ⅱ. 奥拉替尼的药理作用机制是什么？

Ⅲ. 这种药物的推荐剂量是多少？

Ⅳ. 使用这种药物可能产生的不良反应有哪些？

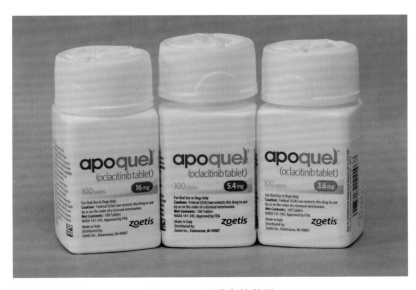

图 100.1　硕腾奥拉替尼

病例 100：回答　Ⅰ.在至少 12 月龄的犬中，奥拉替尼被用于控制与过敏性皮炎相关的瘙痒和特应性皮炎。

Ⅱ.奥拉替尼是一种选择性 janus 激酶（janus kinase，JAK）抑制剂，优先抑制 JAK-1，并轻微抑制 JAK-2 和 JAK-3。通过抑制这些途径，奥拉替尼干扰与犬特应性皮炎相关的致痒和促炎细胞因子［白介素 -2（interleukin，IL-2）、IL-4、IL-6、IL-13 和 IL-31］的活性。

Ⅲ.奥拉替尼的推荐初始剂量为 0.4 ~ 0.6 mg/kg，每天 2 次，口服，持续 14 天。然后以同样的剂量每天 1 次给予该药物进行维持治疗。长期治疗的剂量应基于个体患病动物的评估。奥拉替尼可随餐或空腹服用。

Ⅳ.目前奥拉替尼的潜在不良反应相对较少，但包括呕吐、腹泻、厌食、嗜睡、非特异性皮肤肿物的发展、脓皮病或耳炎的发展、体重减轻 / 增加、行为改变、淋巴结病、蠕形螨病的发展或复发、乳头状瘤病毒感染和肿瘤的潜在易感性增加。尽管有几只犬在临床试验的不同阶段确实出现了肿瘤疾病，但目前还没有明确的证据表明奥拉替尼的使用与犬的癌症发展有关。

病例 101：问题　脂溢性皮炎是动物医学中常用的术语。这个术语是什么意思？原发性和继发性脂溢性皮炎的区别是什么？什么是角质软化剂和角质促成剂？

病例 101：回答　鳞屑一般称为脂溢性皮炎。这不是临床诊断，而是一种皮肤病变的临床描述。脂溢性皮炎有两种基本的类型：原发性脂溢性皮炎和继发性脂溢性皮炎。原发性脂溢性皮炎是由遗传性表皮角化疾病引起，如美国可卡犬的原发性脂溢性疾病和金毛寻回猎犬的鱼鳞病。当任何外部或内部的疾病改变了皮肤的正常新陈代谢时，就会发生继发性脂溢性皮炎，这只是皮肤对疾病的反应。继发性感染、寄生虫、过敏性皮炎、内分泌失调、营养失调、免疫介导等疾病和主人的因素（过度沐浴）都可能导致该病。角质软化剂造成角质细胞间结合力下降，增加脱屑。这导致角质层软化和鳞屑去除。角质软化剂，如高浓度的过氧化苯甲酰和水杨酸（3% ~ 6%）。角质促成剂试图使角化过程正常化，包括低浓度的水杨酸（0.1% ~ 2%）、硫黄和煤焦油等活性成分。

病例 102

病例 102：问题　一只 4 岁已绝育雌性暹罗猫，患有渐进性皮肤病变，先前使用抗生素治疗无效。2 个月前病变开始急剧发展，据诉从那以后患猫嗜睡，食欲下降。家里还有一只猫，但没有皮肤问题，这两只猫过去 3 年一直同住。皮肤病学检查显示，眼周、口周、耳廓和口鼻背侧，以及许多爪垫和爪床区域（图 102.1 ~ 图 102.4）存在对称的附着性结痂。在被毛上可以摸到小的结痂，仔细检查发现乳头周围有结痂。此外，体格检查显示直肠温度略有升高。

Ⅰ.根据患猫的病史和体格检查结果，最可能的诊断是什么？

Ⅱ.应进行哪些诊断测试？

图 102.1　猫咪眼周病变

图 102.2　猫咪口周病变

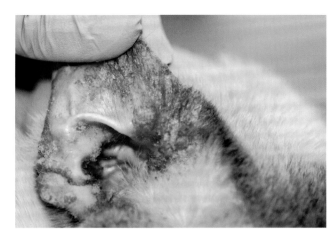

图 102.3　猫咪耳部病变

图 102.4　猫咪爪部病变

Ⅲ. 如何治疗此病，预后如何？

病例 102：回答　Ⅰ. 尽管在任何情况下，猫的全身鳞屑和结痂都应考虑皮肤癣菌病，但本病例中，面部、耳廓、乳头周围和爪垫的对称性结痂，结合全身症状，最可疑的是落叶型天疱疮。落叶型天疱疮是一种不常见的猫免疫介导性皮肤病（可能是最常见的自身免疫性皮肤病），在许多情况下是特发性的，但可能与药物有关。瘙痒症在落叶型天疱疮患猫中很常见。该疾病在猫中没有发现品种倾向或性别偏好。标志性病变是浅表的脓疱。然而，完整的脓疱通常很难发现，因为它们很容易破裂，导致结痂，如本病例所示。落叶型天疱疮在猫的特征部位（如耳廓、口鼻吻侧、鼻镜和爪垫，以及乳周区域和爪床的独特位置）往往有对称的病变形成。

Ⅱ. 应进行皮肤刮片以排除螨虫。虽然皮肤癣菌病可能性不大，但应进行真菌培养以排除这种原因，因为猫的早期落叶型天疱疮病例可能与皮肤癣菌病惊人地相似。应对完整的脓疱或渗出物进行细胞学检查，以排除继发性细菌感染。当出现完整脓疱时，理想情况下应将其保存以进行活检，在可以取样完整脓疱的情况下，没有细菌感染，且存在棘层松解角质细胞可以高度支持落叶型天疱疮的诊断。必须进行皮肤组织病理学检查才能确诊。最好对完整的脓疱进行活检，如果没有脓疱，则应从结痂处取样。当对疑似落叶型天疱疮的病例进行活检时，重要的是要注意保存完好的脓疱或结痂。在这些情况下，首选使用手术刀刀片进行椭圆形皮肤活检，因为不适当的皮肤钻孔活检选择可能会使脆弱的脓疱破裂或使结痂脱落。理想情况下，应提交多个样本进行检验。

Ⅲ. 总的来说，猫落叶型天疱疮预后良好。落叶型天疱疮是一种自身免疫性疾病，通常需要终身治疗，除非能找到诱因并消除，否则很少出现缓解。最初，治疗通常包括使用免疫抑制剂量的全身性糖皮质激素。泼尼松龙或甲泼尼龙（2 ~ 6 mg/kg，PO，q24 h）和曲安奈德（0.4 ~ 2 mg/kg，PO，q24 h）是治疗猫落叶型天疱疮最常用的类固醇。每天给药应持续到临床症状消失（通常为 2 ~ 4 周），此时给药频率减缓（如每 10 ~ 14 天一次），稳定地逐步减少剂量，直到达到能控制临床症状的最低隔日剂量（对曲安奈德来说为 q48 ~ 72 h）。作者认为，在缩减剂量时，任何剂量的变化超过 25% 都更有可能导致临床症状的复发。在改善缓慢、糖皮质激素副作用过度或首选联合治疗的情况下，可加苯丁酸氮芥（0.1 ~ 0.2 mg/kg，PO，q24 ~ 48 h）或环孢素（5 ~ 10 mg/kg，PO，q24 h）（Irwin et al.，2012）。当使用苯丁酸氮芥时，应进行常规的全血细胞计数监测。

病例 103

病例 103：问题　一只 4 岁查理士王小猎犬因非季节性舔爪长达 3 年而就诊。主诉该犬被诊断为"与焦虑相关的行为问题"。在过去的 3 年里，犬的主人尝试了各种与活动相关的干预措施，包括雇一个遛犬人、每天把犬送到犬舍玩。遛犬人和饲养员报告说不管他们让犬做什么活动，犬都会咬自己的爪子。由于问题似乎在恶化，所

图 103.1　爪部唾液染色

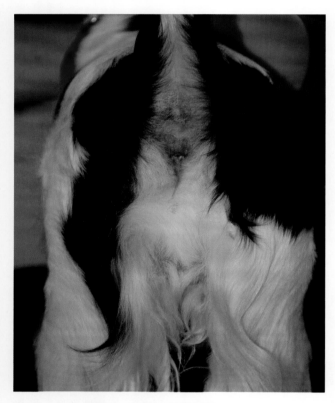

图 103.2　肛周脱毛、红斑、色素沉着

以主人选择了转诊。患犬目前正在接种疫苗，犬主人每月使用心丝虫（伊维菌素）和跳蚤预防剂（阿福拉纳）。体格检查显示后爪过度舔舐性脱毛和唾液染色，肛周脱毛、红斑和色素沉着（图 103.1、图 103.2）。

Ⅰ. 犬过度舔爪 / 啃咬爪的最常见原因是什么？

Ⅱ. 该患犬需要进行哪些诊断测试？如何确定患犬足底瘙痒的根本原因？

Ⅲ. 有什么止痒的选择可以立即缓解该患犬的症状？

Ⅳ. 如果该患犬的瘙痒症状被确定为特应性皮炎，有哪些针对该疾病的长期治疗方案需要与主人讨论？

病例 103：回答　Ⅰ. 足底瘙痒最常见的原因包括蠕形螨病、特应性皮炎、皮肤有食物不良反应、接触性过敏和继发性细菌或酵母菌感染。

Ⅱ. 在使用矿物油刮片之前，应收集细胞学检查样本。应用刮刀或手术刀片刮取爪部周围或指间的碎屑，涂抹在载玻片上，进行染色，并在显微镜下进行检查。此外，用醋酸纤维胶带从指间和肛周区域获得印迹细胞学样本并进行压印细胞学检查。如果出现继发性感染，应根据病灶分布情况，用药浴、湿巾或摩丝局部治疗。如果症状在治疗继发性感染后得到缓解，那么之后只需预防性局部治疗即可。然而，如果继发性感染消除后瘙痒持续存在或复发，患犬应继续检查可能存在的潜在过敏性超敏反应。由于患犬每月进行跳蚤预防，这对其他传染性寄生虫也有效，因此，不太可能发生跳蚤过敏性皮炎或寄生虫过敏。考虑到症状的非季节性分布和发病年龄较小，有必要进行食物排除试验。如果对食物排除试验没有反应，特应性皮炎将是该患犬瘙痒的最合理诊断，应进行特定疾病的针对性治疗。

Ⅲ. 糖皮质激素、马来酸奥拉替尼（Apoquel）和洛吉维单抗（Cytopoint）（目前没有注册）是目前可快速起效的止痒疗法。适当剂量的糖皮质激素和奥拉替尼应在 24 小时内缓解瘙痒症状，而洛吉维单抗起效时间为 72 小时内。环孢素起效较慢，可能需要 2 ~ 6 周才能获得治疗效果。

Ⅳ. 特应性皮炎患犬的长期治疗方案是过敏原特异性免疫疗法（可注射和舌下）、洛吉维单抗、奥拉替尼、环孢素和糖皮质激素。这些选择都有不同程度的功效和利弊。在与主人讨论时，重要的是让他们明白没有正确的选择，也没有 100% 有效和安全的选择。对于特应性皮炎患犬，最合适的治疗应该在个体的基础上进行，考虑到所有患犬和主人相关的因素。

病例 104　病例 105

病例 104：问题　一只 3 岁混种犬爪部肿胀。体格检查发现 4 只爪均有明显的趾间红斑、轻度肿胀和脱毛。选择从脚部进行压印涂片。该样本的显微镜图像（100×；油镜）如图 104.1 所示。

绿色箭头表示什么？

病例 104：回答　这是枝孢霉属孢子。孢子的形状从球形到桶状或柠檬形，即图像中呈现的不同形状。枝孢霉是一种较常见的霉菌，动物个体可能会对其产生过敏反应。这种霉菌存在于潮湿的地方、地毯或植物中。在这种特殊情况下，这是一个无关紧要的发现，但是无经验的检查人员可能会将污染物误解为传染性真菌孢子（隐球菌、皮肤癣菌发外癣菌孢子）或寄生虫卵（由于盖的形状和外观）。相对于图像中无核角质形成细胞而言，其大小和形状使任何一种感染性真菌病原体都不太可能，而染色吸收度和着色也不是典型的寄生生物。

图 104.1　脚部压印涂片镜检

病例 105：问题　一只 8 岁已绝育雌性金毛寻回猎犬是家里唯一的犬，主要生活在室内，每年接受检查并接种疫苗。主诉在过去的几个月里，该犬被观察到瘙痒，特别是背部。患犬之前没有皮肤或耳朵问题，主人以前从未想过犬会瘙痒。体格检查显示皮肤轻度广泛性红斑，沿腰背和侧腹区域的被毛轻度至中度变薄，可能继发于自我损伤，并存在轻度鳞屑。未见明显的体表寄生虫迹象，跳蚤梳理和皮肤刮片结果均为阴性。除了轻微的嗜酸性粒细胞增多外，包括全血细胞计数和血清生化指标结果并无显著异常。患犬粪便漂浮试验结果如图 105.1 所示。

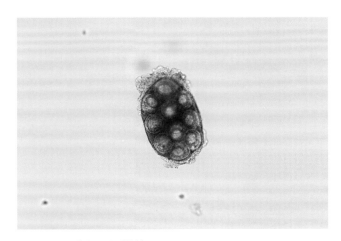

图 105.1　粪便漂浮镜检

从体格检查和诊断结果来看，该患犬最近出现瘙痒的原因是什么？

病例 105：回答　跳蚤过敏性皮炎。图 105.1 为犬复孔绦虫（跳蚤绦虫）的卵袋。犬复孔绦虫需要跳蚤完成其生命周期。跳蚤作为寄生虫的中间宿主，当跳蚤幼虫摄入犬复孔绦虫的卵，然后经历其生命周期，在成年跳蚤中成为具有传染性的囊尾蚴。终末宿主（犬或猫）由于瘙痒，在梳理、舔舐或啃咬过程中摄入成年跳蚤被感染。据报道犬复孔绦虫的潜伏期约为 4 周。犬啮毛虱也可以作为中间宿主，但由于患犬的生活方式、瘙痒和病变位置在背部尾侧，以及检查中没有发现成虫或幼虫，因此，不太可能是本病例瘙痒的原因。

病例 106

病例 106：问题　一只 1.5 岁雄性边境牧羊犬，有 3 个月的进行性脱毛和瘙痒史。之前使用糖皮质激素治疗缓解了一些症状，但主人发现作用越来越小。检查发现明显的全身性红斑伴斑片状脱毛、结痂、粉刺形成，偶有瘘管影响面部、躯干和四肢远端（图 106.1 ～图 106.3）。被毛镜检显示有许多不同生命阶段的犬蠕形螨，而引流道的细胞学显示中性粒细胞性炎症，细胞内外有大量球菌。临床诊断为全身性幼年蠕形螨病，并继发深部脓皮病。

Ⅰ.根据你的诊断，该患犬最需要担心的是什么问题？

图 106.1　边境牧羊犬整体外观

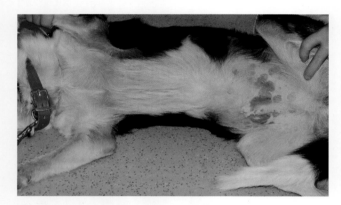

图 106.3　犬腹部红斑、脱毛、结痂

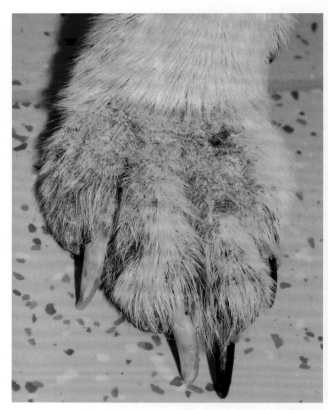

图 106.2　爪部脱毛、结痂

Ⅱ. 如何确定你对该患犬的担忧是否合理？

Ⅲ. 还有哪些其他品种需要这样的考虑？

病例 106：回答　　Ⅰ. 患病动物是一只边境牧羊犬。边境牧羊犬是牧羊犬家族的一部分，已知具有 ABCB1-Δ1（旧称为 MDR-1）基因突变。这种突变改变了 p- 糖蛋白功能，增加了患犬使用大环内酯（即伊维菌素）治疗时发生严重或致命不良反应的可能性。

Ⅱ. 现在可以通过华盛顿州立大学（Washington State University，WSU）进行商业测试。与"白脚不治疗"的旧说法不同，在接受治疗之前，可以对犬进行基因突变检测。血液或口腔拭子样本可用于评估患犬是否存在突变。该检测可通过 WSU 的诊断实验室进行，价格为 60 ～ 70 美元。有关样本收集和检测试剂盒的信息可从 WSU 兽医临床药理学实验室获得。检测结果可在大约 2 周内得到。

Ⅲ. 表 106.1 显示已知具有这种突变的其他品种及报道的突变等位基因发生频率。虽然这些犬种的基因突变发生率有所增加，但任何犬都可能具有这种突变，而且在没有基因突变的犬中已经观察到大环内酯毒性。

表 106.1　具有这种突变的其他品种及突变等位基因发生频率

品种	突变等位基因频率	品种	突变等位基因频率
澳大利亚牧羊犬	50%	长毛惠比特犬	65%
迷你澳大利亚牧羊犬	50%	麦克纳布犬	30%
边境牧羊犬	<5%	混种犬	5%
柯利牧羊犬	70%	英国古代牧羊犬	5%
英国牧羊犬	15%	喜乐蒂牧羊犬	15%
德国牧羊犬	10%	丝毛风猎犬	30%
混种牧羊犬	10%		

资料来源：Washington State Universitys Veterinary Clinical Pharmacology Website 2017.

病例 107　病例 108

病例 107：问题　一只 3 岁去势雄性马士提夫獒犬，因全身性蠕形螨病和继发性脓皮病转诊。患犬曾于 3 周前使用沙罗拉纳、头孢氨苄和过氧化苯甲酰香波。主人已经按照医嘱使用了所有药物，但患犬的情况越来越糟，现在背部和腿部多个部位都有血性分泌物。体格检查发现明显脱毛、全身红斑、躯干丘疹、脓疱、出血性大疱，并伴有多个窦道和瘀血性分泌物（图 107.1）。皮肤刮片显示大量死亡的成年犬蠕形螨，而其中一个窦道病灶的细胞学样本显示大量胞内和胞外球菌。根据你的发现，怀疑可能是耐药性继发感染，建议进行细菌培养。

如何获取该样本？

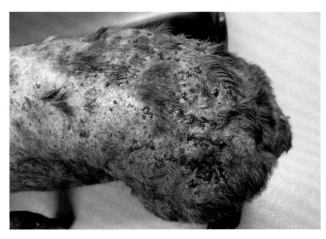

图 107.1　躯干背部病变外观

病例 107：回答　这是一例深部脓皮病病例，培养技术与浅表疾病有一些不同。有 3 种方法可从该患犬身上获得用于细菌培养的样本。

第一种方法是对一个未破裂的出血性大疱进行采样。这可以通过抽吸病灶并将抽吸的材料转移到培养拭子上，或简单地用无菌针刺破病灶并插入培养拭子。

第二种方法是通过活检获得样本。当存在严重的渗出物，表面被严重污染，和（或）在细胞学上观察到混合的细菌种群时，可以使用这种方法。为了通过这种方法获得样本，需要对样本表面进行外科手术准备，然后用无菌盐水冲洗，以去除任何可能抑制细菌生长的残留防腐剂溶液。无菌采集穿孔活检样本。作者建议在采集活检样本后，使用无菌手术刀从真皮深层去除表面，进一步消除表面污染的机会。进行活检的真皮部分随后放置在无菌盐水中，并进行浸泡组织培养。

第三种方法是将培养拭子直接插入一个窦道中。这种方法不太理想，因为窦道可能被其他的继发性病原体污染，这可能使解释培养结果更加困难。

病例 108：问题　霉酚酸酯是什么，它用于哪些皮肤病？该药物的主要不良反应是什么？

病例 108：回答　霉酚酸酯（CellCept）是一种前体药物，其代谢物霉酚酸是一种免疫调节剂。该药物通过抑制肌苷′–5–单磷酸脱氢酶发挥作用，该酶与嘌呤合成有关，能抑制 T 细胞和 B 细胞的活化和扩增。该药很少作为主要或唯一的治疗药物使用，而是在标准治疗失败时作为辅助或替代免疫抑制剂。它主要用于落叶型天疱疮和表皮上大疱性皮肤病。已经提出了广泛的给药方案，每天给药 2 次是最常见的。报告的严重不良反应包括骨髓抑制和胃肠道症状（可能是肠道出血）。该药物不应与硫唑嘌呤联合使用，因为两种药物的作用机制相似，可能会增加骨髓抑制的风险。

病例 109　病例 110

病例 109：问题　一只 1.5 岁已绝育雌性比特犬，如图 109.1 ~ 图 109.4 所示，已有 3 个月进展性病变病史。主诉患犬瘙痒，先前使用爱波克和两种不同的全身性抗生素（头孢氨苄和阿莫西林 – 克拉维酸钾，疗程为 10 天）没有任何改善。患犬是家中唯一的犬，曾去过乡村农场。主人皮肤无异常。此外患犬的食欲、活动性或排尿 / 排便习惯没有变化。除了皮肤病变外，体格检查未发现其他异常。

Ⅰ. 描述病变。

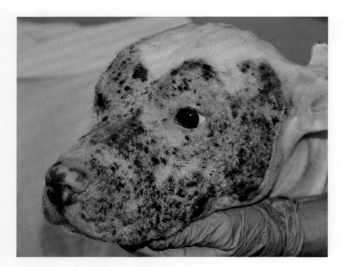

图 109.1　犬头面部病变左侧外观

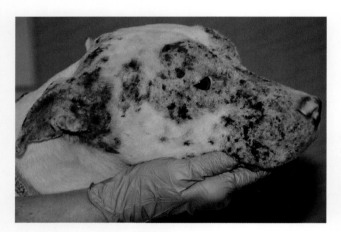

图 109.2　犬头面部病变右侧外观

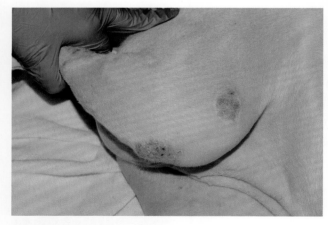

图 109.3　犬左后肢外侧病变

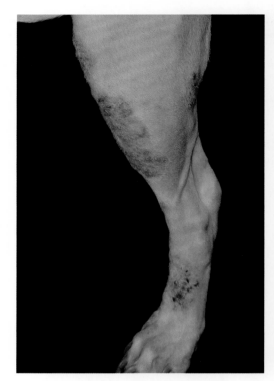

图 109.4　左后肢外侧病变

图 109.5　犬面部窦道样本镜检

Ⅱ. 该病例的主要鉴别诊断是什么？应该进行哪些初步诊断测试？

Ⅲ. 图 109.5 为显微镜图像（100 倍；油镜），是从面部窦道采集的细胞学样本。你的诊断是什么？此时应该推荐哪些进一步的诊断测试？

病例 109：回答　Ⅰ. 面、口部界限分明的脱毛，伴有红斑、多个小的出血性大疱、结痂和点状窦道，延伸至耳廓和头背，但鼻平面正常。此外，右颅有圆形、红斑、脱毛伴有结痂和鳞屑，侧膝关节有类似病变，在左后肢有点状窦道。

Ⅱ. 考虑到患犬的年龄、临床表现和病变情况，该患犬的主要鉴别诊断应包括幼犬疖病。该患犬的 3 个主要鉴别诊断是蠕形螨病、皮肤癣菌病和深部脓皮病。在初步诊断前，应考虑其他不太可能的鉴别诊断，包括幼年蜂窝织炎、双相霉菌感染（即芽生菌病）、严重日光性皮炎、罕见的细菌感染（放线菌、诺卡菌或分枝杆菌），或者皮肤药物不良反应。对该患犬的初步诊断应包括皮肤刮片、结痂下和窦道的细胞学检查。如果这些初步诊断未能得出明确诊断，则应进行附加检查，如组织病理学活检和细菌/真菌组织培养。

Ⅲ. 皮肤癣菌病。图像显示炎症细胞的聚集，以及多个小的、圆形至椭圆形的、有荚膜的嗜碱性结构，与分生孢子（发外癣菌孢子）一致。皮肤癣菌从不在组织中形成大分生孢子，而是在角质化组织中形成菌丝和这些结构。此时，应进行真菌培养或皮肤癣菌反射培养 RCR，以明确确定致病真菌种类，以便让主人了解是如何感染的、复发的可能性，以及用于治疗监测。在这个特殊的案例中，结果表明，须毛癣菌被确定为病原体，可能是在农场玩耍时接触了啮齿动物或其巢穴而感染的。

病例 110：问题　什么是水囊瘤，如何管理？

病例 110：回答　水囊瘤是一种假性或获得性囊，发生在骨突起和压力点，尤其是大型犬的鹰嘴突。它们是反复创伤诱发炎症反应的结果，最初表现为柔软的、波动的（充满液体的）、无痛的肿胀，含有透明的、黄色至红色的液体。随着时间的推移，可发展为脓肿或肉芽肿，伴有或不伴有窦道。早期，水囊瘤可以通过包扎、保护性覆盖（如 DogLeggs）和矫正罩进行治疗。在有严重炎症或耐药性感染的慢性病例中，可能需要引流、冲洗、放置引流管、手术矫正或植皮。

病例 111

病例 111：问题　一只 3 岁去势雄性博美犬，在过去的 6 个月中出现进行性脱毛和皮肤颜色变化问题。体格检查显示，犬的躯干、尾部和四肢近端出现非炎症性脱毛，受影响区域的皮肤色素沉着明显（图 111.1）。该犬没有瘙痒感，其他方面都很健康，未发现其他异常。所有诊断均为正常或阴性，包括全血细胞计数、血清生化和尿液分析。皮肤活检与内分泌性脱毛相符。甲状腺和肾上腺功能的筛查结果如表 111.1 ~ 表 111.4。

Ⅰ. 对内分泌功能测试的解释是什么？

Ⅱ. 这种情况下可能的诊断是什么？

Ⅲ. 该患犬预后如何？有哪些治疗方案？

病例 111：回答　Ⅰ. 从整体上看，甲状腺激素筛查显示功能正常。UCCR 很高，但是从应激的犬、住院犬或患有非肾上腺疾病的犬中收集的尿液样本 UCCR 也可能会升高。这不是针对肾上腺皮质功能亢进的特异性测试，但如果数值正常，就不太可能为库欣病。ACTH 刺激试验和低剂量地塞米松抑制试验显示基础皮质醇水平正常，抑制结果正常。从此结果来看，不太可能存在甲状腺功能减退和肾上腺皮质功能亢进。

Ⅱ. 根据犬种、发病年龄、无其他症状或实验室异常，诊断为 X 型脱毛。X 型脱毛是一种非炎症性疾病，通常发生于博美犬、阿拉斯加雪橇犬、荷兰卷尾狮毛犬和中国松狮犬。脱毛的典型发病年龄为 1 ~ 10 岁，患犬出现对称性脱毛和色素沉着，头部和四肢远端不受影响。这种情况的确切机制尚不完全清楚。这是一种排除性诊断，组织病理学并不能帮助区分这种情况与其他非炎症性内分泌引起的脱毛。

Ⅲ. 这种情况的总体预后良好，因为它主要是一种影响外观的疾病。被毛再生能力不稳定，目前还没有对所有病例都有效的治疗方法。而且，任何新的被

图 111.1　犬躯干、尾部等脱毛和色素沉着

表 111.1　密歇根州立大学的甲状腺套组

项目	结果	参考范围
总甲状腺素（TT4）	30	15 ～ 67
总三碘甲状腺原氨酸（TT3）	1.1	1 ～ 2.5
ED 游离 T4	15	8 ～ 26
T4 自身抗体	5	0 ～ 20
T3 自身抗体	0	0 ～ 10
促甲状腺激素	21	0 ～ 37
甲状腺球蛋白自身抗体 /%	7	< 10

表 111.2　低剂量地塞米松抑制试验

单位：ng/mL

项目	结果	参考范围
基础值	2.57	1.0 ～ 5.0
4 h	0.64	
8 h	0.85	

注：8 h 时皮质醇水平低于 1.4 提示正常，高于 1.4 则支持肾上腺皮质功能亢进的诊断。

表 111.3　ACTH 刺激试验

单位：ng/mL

项目	结果	参考范围
刺激前	2.47	1.0 ～ 5.0
刺激后	7.18	5.5 ～ 20.0

表 111.4　尿皮质醇 / 肌酐比值

项目	结果
尿皮质醇	26.1 μg/dL
尿肌酐	180.0 mg/dL
尿皮质醇 / 肌酐比值	45

注：<34 提示高度怀疑肾上腺皮质功能亢进；≥34 提示可能为肾上腺皮质功能亢进。

毛生长都不是永久性的。已经提出许多治疗方案，包括给动物绝育、给予褪黑素、植入地洛瑞林、注射醋酸甲羟孕酮、给予曲洛司坦和米托坦，以及用浮石或美容微针装置造成微小皮肤损伤。没有任何治疗可以保证成功，而且考虑到这只是一种影响美观的疾病，需要考虑其中一些治疗方案伴随的严重潜在不良反应。

病例 112　病例 113

病例 112：问题　外耳炎是犬外耳的常见疾病，是潜在原发性疾病的结果。诊断以体格检查结果和符合的细胞学结果为依据。在外耳炎病例中，耳朵的细胞学涂片可能显示球菌、杆状菌、花生状微生物或这些不同生物体的某种组合（图 112.1 革兰氏染色）。

　Ⅰ. 外耳炎患犬耳中最常见的球菌是什么？

　Ⅱ. 外耳炎患犬耳中最常见的杆状菌是什么？

　Ⅲ. 这种花生状的生物体最有可能是什么？

病例 112：回答　Ⅰ. 犬外耳炎最常见的球菌是假中间型葡萄球菌，其他葡萄球菌如金黄色葡萄球菌、施氏葡萄球菌及链球菌也可能是致病菌。

　Ⅱ. 犬外耳炎病例中最常见的继发性杆状菌病原体是铜绿假单胞菌、大肠杆菌、变形杆菌和克雷伯菌。在文献中，棒状杆菌属为主要病原体的病例越来越多（Aalbaek et al.，2010）。革兰氏染色法可以用于快速区分这些可能的病原体，与革兰氏阴性菌相比，棒状杆菌属（革兰氏阳性）具有不同的固有抗生素敏感性，因此，革兰氏染色法在临床上很有用。

　Ⅲ. 在耳部细胞学样本中发现的花生状生物体为马拉色菌属。

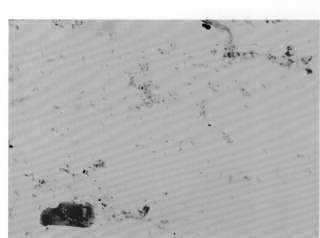

图 112.1　耳道细胞学革兰氏染色镜检

病例 113：问题　一只 2 岁已绝育雌性苏格兰㹴犬，体重 12.5 kg，因腹部多处病变就诊。主诉 2 周前第一次发现病变，并从那时起逐渐恶化。患犬既往无皮肤病史，无瘙痒症状。体格检查发现沿腹部及后肢内侧有多处丘疹、脓疱及表皮环。基于阴性的皮肤刮片结果和细胞学检查中出现的成对球菌，患犬被诊断为浅表脓皮病。主人告诉你，他们不能也不愿意给患犬进行局部治疗，而且他们很难给患犬口服药物。基于此，选择使用头孢维星（Convenia）治疗患犬。

Ⅰ.头孢维星属于哪一代头孢菌素？还有哪些其他犬的常用药物也属于这一类？

Ⅱ.观察到这类药物有什么不良反应？

Ⅲ.计算该患犬使用头孢维星的剂量？

Ⅳ.对脓皮病患犬使用这两种药物中的任何一种作为一线抗菌药物有什么担忧／争议？

病例 113：回答　Ⅰ.属于第三代头孢菌素，头孢泊肟酯（Simplicef）也属于这一类。

Ⅱ.这类药物最常见的不良反应为厌食、腹泻、呕吐和嗜睡。在任何头孢菌素中观察到的发生频率极低的其他反应包括过敏反应、骨髓毒性、免疫介导性血小板减少／溶血性贫血、凝血时间延长、血清转氨酶短暂升高和皮肤药物不良反应（天疱疮样、多形性红斑、血管炎和中毒性表皮坏死松解症）。

Ⅲ.头孢维星的推荐剂量为 8 mg/kg，患病动物体重为 12.5 kg，剂量为 8 mg/kg，即用量为 12.5 kg×8 mg/kg＝100 mg。

重新配制后的头孢维星以 80 mg/mL 的溶液提供，给药剂量为 100 mg÷80 mg/mL＝1.25 mL（皮下注射）。

在这种情况下，应在 2 周后对患病动物复查，以确保感染完全消除，并在必要时再次使用头孢维星。

Ⅳ.将这两种药物作为一线抗菌药物的两个主要问题是：①与第一代药物（特别是高度耐药的产超广谱 β–内酰胺酶大肠杆菌）相比，它们可能对非感染性的革兰氏阴性菌群产生潜在的选择效应；②耐甲氧西林假中间型葡萄球菌的筛选（Hillier et al.，2014）。因此，对它们的一线地位没有达成共识，它们处于一线和二线抗菌药物之间的灰色地带。此时，最好将其保留为一线选择，仅在药物治疗或主人依从性预期较差的情况下使用。

病例 114　病例 115　病例 116

病例 114：问题　一窝 10 周龄小猫经常挠耳朵。经检查，耳内有黑棕色蜡状碎屑。载玻片上滴矿物油，取耵聍的棉拭子样本，在显微镜下进行评估。从该样本中可以观察到以下情况，如图 114.1 所示。

Ⅰ.诊断是什么？

Ⅱ.列出会在幼猫身上产生类似病史和体格检查结果的其他 3 种疾病。

Ⅲ.这是人畜共患病吗？

病例 114：回答　Ⅰ.耳痒螨（耳螨）。在 4 倍的显微镜图像中可以看到多个卵。

Ⅱ.犬小孢子菌和马拉色菌可引起幼猫类似的耳部疾病。猫蠕形螨也可引起幼猫的耳部疾病。对于出现耳痒症状的猫或幼猫来说，耳道检查、耳拭子细胞学检查和耳渗出物矿物油涂片是最基本的诊断方法。

Ⅲ.虽然罕见，但耳痒螨被认为是一种人畜共患病。据报道，人的病变包括手和手臂上的丘疹（Harwick，1978）。在一份轶事报告中（Lopez，1993），一位兽医曾多次从一只猫的耳朵里取出感染了螨虫的耵聍，并将其放进了自己的耳朵里。他成功感染耳螨，并说

图 114.1　耳道蜡样碎屑镜检

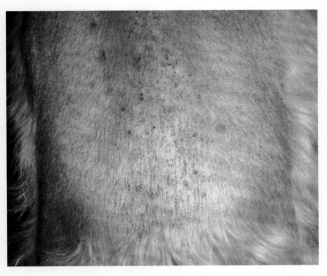

图 115.1　犬背部症状

自己很痒。最有趣的是他观察到螨虫在晚上最活跃，可以听到它们在他的耳朵周围咀嚼和移动。这表明，防耳螨制剂最好在晚上使用。在更实际的层面上，建议兽医和为感染耳螨的患病动物清洗耳朵的主人在处理后要养成良好的洗手习惯。

病例 115：问题　图 115.1 为一只 5 岁雄性雪纳瑞犬的背部。这只犬刚被诊断出患有特应性皮炎。主诉该犬的背上几乎一直都有肿物。触诊背部可见从颈部至腰骶部弥漫性结痂性丘疹。剪短被毛可以看到大量的粉刺。

Ⅰ. 该犬的症状叫什么？

Ⅱ. 在该病例中，还应该考虑哪些其他的鉴别诊断？

Ⅲ. 这与犬的特应性皮炎有什么关系？

Ⅳ. 该患犬应该怎样治疗？

病例 115：回答　Ⅰ. 雪纳瑞犬粉刺综合征。

Ⅱ. 当遇到粉刺形成时，最常见的鉴别诊断是蠕形螨病和肾上腺皮质功能亢进（医源性或原发性），本病例的其他鉴别诊断还包括脓皮病和皮肤癣菌病。

Ⅲ. 这种情况与犬的特应性皮炎无关。该综合征是一种角质化障碍，其特征是毛囊扩张并发展为粉刺。

Ⅳ. 这是一种遗传性皮肤病，可以控制，但无法治愈。应该教育主人不要刺激粉刺或用力擦洗该区域，因为这些扩张的毛囊很容易破裂，可能会感染。患犬可能有继发性细菌和酵母菌感染，这往往被忽视。应对粉刺内容物的压印涂片进行细胞学检查，并治疗并发感染。被毛应剪短，并保持，每周洗澡 1 ~ 2 次。含有过氧化苯甲酰、乳酸乙酯、水杨酸或硫黄的香波对治疗这种疾病最有益。治疗最重要的方面是清洁皮肤但不要过度刺激。

病例 116：问题　两大类药物不良反应分别是什么？举出每种类型的例子。

病例 116：回答　药物不良反应可分为可预测反应和不可预测／特殊反应。可预测的药物不良反应通常与剂量有关，且通常与药物的药理学有关。如环孢素相关的呕吐。不可预测或特殊的药物不良反应与剂量无关，与宿主的免疫反应和（或）犬的品种有关。如磺胺类药物会引起杜宾犬的急性肾毒性。

病例 117　病例 118　病例 119　病例 120

病例 117：问题　一只 2 岁犬为评估其前爪上的肿物就诊（图 117.1）。病变隆起、脱毛、坚硬、红斑、潮湿、有广泛的唾液染色。更仔细地检查发现一个糜烂区域，周围有结痂和隆起的边界，形似火山口。主诉病变是在过去几周发展起来，这是第一次出现病变。

Ⅰ. 临床诊断是什么？

Ⅱ. 导致该综合征的两个主要原因是什么？此时需要做哪些核心诊断测试？

Ⅲ. 在这种情况下，合适的一线治疗是什么？

病例 117：回答　Ⅰ. 肢端舔舐性肉芽肿或皮炎。

Ⅱ. 造成这种病变的两个主要原因分别是器质性疾病（过敏性超敏反应、异物、内分泌功能障碍、关节炎／

骨病、神经病变或创伤）和行为性疾病（强迫症）。虽然后者可能是一个促成因素，但它是一种排除性诊断，而且其他原因通常更重要，可能是诱因，这一点怎么强调也不为过。犬的瘙痒表现为舔舐，在许多犬中，这可能是证明该犬瘙痒的唯一线索。有时，能够很容易区分这两种病因（如犬有明显的潜在皮肤病的临床症状、有明确的分离焦虑，或近期存在创伤/损伤）。潜在瘙痒性皮肤病的临床线索包括其他肢体上的唾液染色迹象、其他肢体上随机发展的病变史、同时发生的多个舔舐性肉芽肿或外伤史。所有肢端舔舐性皮炎病例都应怀疑存在继发性感染，特别是出现糜烂或溃疡性病变时。因此，必须进行细胞学检查，

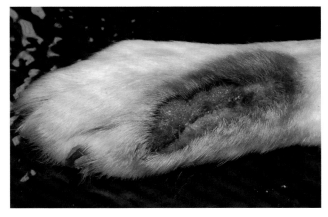

图 117.1　前肢爪部肿物

可以在病灶部位的渗出液上直接触片获得样本。假中间型葡萄球菌是这些病变中检查出的主要微生物，也可能存在革兰氏阴性菌。如果在病变部位发现革兰氏阴性菌，则应通过无菌活检获得样本并进行微生物培养，因为分泌物的培养可能具有误导性（Shumaker et al.，2008）。此外需要的基本诊断包括皮肤刮片以排除蠕形螨，如果存在急性病变则需要真菌培养。

Ⅲ. 对于初次单独病变，可能无法找到明显的诱因。除非病史、体格检查或细胞学检查提示可能的病因，否则最好先集中解决初次病变的继发性感染。由于瘢痕组织的形成，通常需要长期的全身性抗菌治疗。需要 4 ~ 8 周的疗程来解决病变，有时需要更长的疗程来治疗慢性病变。理想情况下，在病变好转后还应持续治疗 2 周，需要临床医生评估是否停药，而不是主人。

病例 118：问题　一只 3 岁已绝育雌性秋田犬，鼻平面脱色、结痂和溃疡（图 118.1）。体格检查发现其存在畏光，眼睑边缘有色素脱失。该犬在检查室里有辨距困难表现，但在检查前主人并未意识到患犬有视力问题。

Ⅰ. 最有可能的诊断是什么？

Ⅱ. 皮肤和眼科检查的重点是什么？

Ⅲ. 如何治疗疾病？

病例 118：回答　Ⅰ. 犬葡萄膜皮肤病综合征［福格特 – 小柳 – 原田综合征（Vogt-Koyanagi-Harada，VKH）］。这是一种罕见的自身免疫性疾病，累及皮肤和眼睛。这被认为是 T 淋巴细胞介导的自身免疫过程，淋巴细胞攻击黑色素细胞。然而，与引发疾病的黑色素细胞相关的确切抗原仍不清楚。没有年

图 118.1　鼻平面脱色、结痂和溃疡

龄或性别偏好。虽然许多品种都有报道患有葡萄膜皮肤病综合征，但秋田犬、中国松狮犬，西伯利亚哈士奇犬和萨摩耶犬是常发品种。

Ⅱ. 该病的特点是皮肤脱色和并发急性葡萄膜炎。脱色可能发生在鼻子、嘴唇、眼睑、脚垫、阴囊、包皮、肛门和硬腭。这种疾病会引起葡萄膜炎、畏光、睑痉挛、流泪、结膜充血、角膜水肿、视网膜脱离、白内障和继发性青光眼。如果不及时治疗，患犬可能会永久失明。

Ⅲ. 皮肤病变通常在眼部病变后 7 ~ 10 天内发生，然而，主人更有可能首先注意到脱色。这种疾病可引起继发性青光眼和失明，因此需要积极地治疗来控制眼部疾病。应对脱色区域进行皮肤活检，并进行彻底的眼部检查。通常需要终生使用全身性糖皮质激素和硫唑嘌呤来控制疾病。皮肤病变可能对治疗有反应，但不应作为疾病缓解

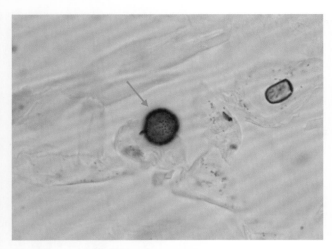

图 119.1   犬爪部趾间压印涂片镜检

的指标，因为即使皮肤病变不加重甚至色素恢复，犬的眼部病变也可能继续加重。因此，应定期进行眼部检查以监测葡萄膜炎。

病例 119：问题   图 119.1 为犬右前爪趾间的皮肤压印涂片的显微镜图像。

图中绿色箭头表示的是什么？

病例 119：回答   这是一个花粉孢子。从犬和猫的皮肤中获得花粉孢子是压印涂片细胞学样本中常见的发现，特别是在一年中植物花粉数量高的时候。

病例 120：问题   恩诺沙星是兽药中常用的氟喹诺酮类抗生素。然而，由于一种不常见的特定种类的药物不良反应，高剂量的恩诺沙星不能用于猫。

在猫中使用治疗剂量大于每天 5 mg/kg 时，发现了什么独特的不良反应？这种不良反应的机制是什么？

病例 120：回答   导致永久性失明的急性视网膜变性。虽然确切的发病机制尚不清楚，但这种不良反应被认为是 ABCG2 功能障碍的后果。ABCG2 是位于血 – 视网膜屏障的跨膜外排泵（类似于 p- 糖蛋白），通常限制氟喹诺酮类药物进入视网膜组织。当暴露在光线下时，氟喹诺酮类药物会产生活性氧（reactive oxygen species，bROS），导致组织损伤。除皮肤之外，眼睛是最易受光毒性影响的器官。因此，在猫体内，功能失调的血 – 视网膜屏障导致视网膜内光反应性药物的积累，一旦暴露在光线下，产生 ROS，就会造成组织损伤和视网膜变性（Mealey，2013）。使用高剂量奥比沙星的猫也发生过视网膜损伤。

病例 121   病例 122

病例 121：问题   图 121.1、图 121.2 为 2 个 DTM 板。两者都接种了来自犬的真菌培养物。

Ⅰ. DTM 是什么？使用原理是什么？

Ⅱ. 如何利用真菌菌落生长的大体特征来帮助区分可能的病原体和污染物？哪个培养板的菌落生长与可疑病原体相容？为什么？

Ⅲ. 当在私人诊所进行培养时，哪些因素可能造成假阴性真菌培养结果？

病例 121：回答   Ⅰ. DTM 由普通的沙氏葡萄糖琼脂、酚红（作为 pH 指示剂）和抗菌剂（抵制细菌和真菌污染物生长）组成。虽然市面上有各种各样的培养皿，但作者倾向于使用易于接种的琼脂培养皿，里面有足够的培养基以防止干燥。图示为双室板，可接种一种以上的培养基类型，以帮助菌落生长和促进大分生孢子的形成，以便进行物种鉴定。双室板通常将 DTM 与普通的沙氏葡萄糖琼脂或快速产孢培养基结合。DTM 很受欢迎，因为它含有一种颜色指示剂，可以指示可能病原体的生长。病原体首先利用培养基中的蛋白质，产生颜色变化。一般来说，污染物首先消耗碳水化合物，直到所有碳水化合物都耗尽后才会出现颜色变化。颜色指示剂（酚红）可能改变真菌菌落的大体和微观外观和（或）抑制大分生孢子的生长。此外，一些常见的污染物会很像病原体，使培养基变红。

Ⅱ. 如图 121.2 所示，培养皿内浅白色、蓬松的菌落最像皮肤癣菌病病原体。皮肤癣菌病病原体颜色苍白，不会像图 121.1 中那样暗沉。培养基中的红色变化表明该生物体正在消耗培养基中的蛋白质，癣菌病原体和一些污染物都能使 DTM 变红。污染物倾向于先消耗培养基中的碳水化合物，然后再消耗蛋白质。随着生物体利用 DTM 中的蛋白质，生长污染物的旧真菌培养板最终可能变成红色。

图 121.1　DTM 板 1

图 121.2　DTM 板 2

Ⅲ. 两项已发表的研究表明，在室温下培养或使用不适当的商业真菌培养基可能在实践中导致假阴性培养结果。在第一项研究中（Guillot et al.，2001），提高孵育温度［24 ～ 27℃（75.5 ～ 80.6 ℉）］可以使真菌的颜色变化更快，孢子形成更好。第二项研究（Moriello et al.，2010）评估了在不同条件下将有对照组的癣菌接种于多种商用培养基，最终得出的结论是，大多数商用培养基制剂在首次生长、首次颜色变化和首次孢子形成方面具有可比性。这些发现的例外是一种常用的自密封培养板，它的可靠性明显较低，且容易干燥。

病例 122：问题　在动物医学中不断发展和日益关注的问题是患病动物遇到耐药性感染的频率越来越高。因此，这些感染的分类术语在兽医的日常实践中变得普遍。

Ⅰ. 甲氧西林耐药、多药耐药和广泛耐药是什么意思？

Ⅱ. 哪些药物被归类为 β – 内酰胺类？

病例 122：回答　Ⅰ. 甲氧西林耐药是葡萄球菌最重要的耐药机制，是通过 mecA 基因表达获得。mecA 是葡萄球菌染色体单元 mec（SCCmec）上携带的一种可移动遗传元件，它编码改变的青霉素结合蛋白（PBP2a）对 β – 内酰胺类抗菌药物具有低亲和力，对该抗生素类的所有衍生物具有耐药性（Morris et al.，2017）。多药耐药（MDR）在动物医学文献中有几种定义，最被广泛接受的是一种细菌分离物对 3 种以上的抗生素具有耐药性。这些类别包括 β – 内酰胺类、大环内酯类、林可酰胺类、氟喹诺酮类、氨基糖苷类、四环素类、强化磺胺类、氯霉素和利福平。鉴于此，葡萄球菌可以是甲氧西林耐药但不具有多药耐药性或者对甲氧西林耐药和多药耐药。作者发现后一点有时会让从业者感到困惑。最后，广泛耐药一词已进入动物医学文献，用于描述对两种或更少的抗菌类药物敏感的细菌分离株。

Ⅱ.β-内酰胺类抗菌药物包括以下几种：

　　a.青霉素类：青霉素 G 和青霉素 V；

　　b.耐 β-内酰胺青霉素类：甲氧西林和苯唑西林；

　　c.氨基青霉素类：氨苄青霉素、阿莫西林及其与 β-内酰胺酶抑制剂的联合用药；

　　d.羧青霉素和脲青霉素：替卡西林和哌拉西林；

　　e.头孢菌素类：头孢氨苄、头孢羟氨苄、头孢唑啉、头孢泊肟酯、头孢维星；

　　f.单环 β-内酰胺类：氨曲南；

　　g.碳青霉烯类：亚胺培南和美罗培南。

病例 123

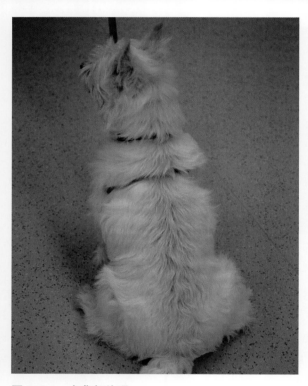

图 123.1　犬背部外观

病例 123：问题　　一只 8 岁已去势雄性西高地白㹴背部皮肤油脂过多。检查时，背部的被毛有明显的油腻感，与周围的被毛有明显不同（图 123.1）。当被毛沿背部分开时，也可以看到轻微的红斑和鳞屑（图 123.2）。根据体格检查结果，采集了皮肤刮片样本（图 123.3）。

　　Ⅰ.诊断结果是什么？

　　Ⅱ.与这种皮肤病相关的螨虫寄生在动物的哪个部位？

　　Ⅲ.与影响犬的其他种类螨虫相比，对这种螨虫有何治疗建议？

病例 123：回答　　Ⅰ.隐在蠕形螨。

　　Ⅱ.这种螨生活在毛囊中，类似于犬蠕形螨，并且已经被观察到占据了从毛囊开口到皮脂腺的空间。在皮脂腺导管内也可观察到，这也许可以解释与犬蠕形螨不同的临床表现，对于隐在蠕形螨相关病例，过多的油性皮脂溢是主人带患病动物就诊的原因（Hillier and Desch，2002）。总的来说，这种形式的蠕

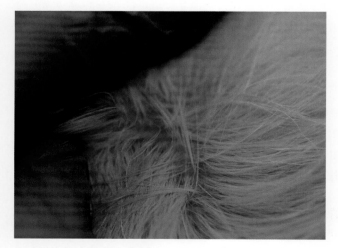

图 123.2　背部红斑和鳞屑

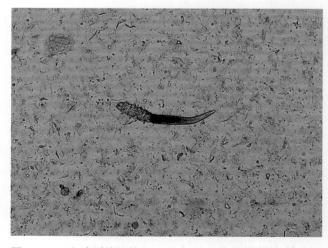

图 123.3　皮肤刮片镜检

形螨病不常见，好发于㹴类和西施犬。

Ⅲ.治疗建议、治疗时间和反应率与犬蠕形螨病相似。治疗方案中使用的药物选择包括外用双甲脒、外用莫西克丁、口服／注射大环内酯和异恶唑啉。

病例 124

病例 124：问题　一只极度瘙痒的犬来接受检查。该犬的瘙痒症在大约 3 周前出现。该犬在这次发作之前没有皮肤病史。除了强烈瘙痒和肘部脱毛、红斑和表皮脱落外，体格检查均正常（图 124.1）。如图 124.2 所示的生物体是在患犬肘部皮肤刮片中发现的。

Ⅰ.该生物体是什么？

Ⅱ.该螨虫的生活史是什么？离开宿主后能存活多久？据报道，螨虫喜欢寄生在哪些身体部位？

Ⅲ.这种螨虫的哪些识别结构有助于识别它？

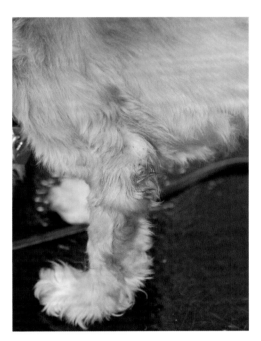

图 124.1　犬肘部病变

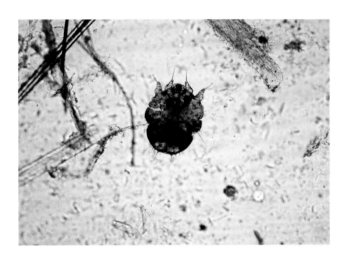

图 124.2　肘部皮肤镜检

病例 124：回答　Ⅰ.疥螨。

Ⅱ.疥螨的一般生活史是雌螨在角质化表皮内的"通道"中产卵，卵孵化为幼虫，幼虫在皮肤表面移动并进食，然后栖息于蜕皮袋内，蜕皮为若虫并最终成为成虫。这个周期在 17 ～ 21 天内完成。螨虫离开宿主后可存活 4 ～ 21 天，时间长短取决于相对湿度和温度。在室温（20 ～ 25℃）下，所有生命阶段均可存活 2 ～ 6 天。螨虫喜欢被毛稀疏的部位，如犬的腹股沟、肘部、跗关节和耳缘。

Ⅲ.使用常规光学显微镜鉴定疥螨，身体呈卵圆形，有长而不相连的柄，前对腿上有吸盘，短的／退化的后腿，通常不超出身体的边界，有长刚毛，没有吸盘，有顶端肛门。

病例 125

病例 125：问题　一只 2 岁混种犬 3 个月前从当地收容所被收养后出现进行性舔舐和瘙痒症状。主诉该犬在被收养之前，已去势并接种了疫苗，以及使用预防跳蚤的产品，但自那以后，没有再使用过预防药物，因为在犬身上没有发现跳蚤。主人一直在给该犬洗澡，并给该犬服用非处方抗组胺药，但都没有起到缓解作用。体格检查显示轻度全身性红斑,沿腰背侧、侧腹和后肢的被毛变薄。在尾基部附近的被毛中发现了少量褐色的污垢状物质。此外,还可以观察到身体后半部分和爪子有明显的唾液染色(图 125.1、图 125.2)。体格检查的其他部分无异常,包括正常的耳镜检查。

Ⅰ. 此时,根据病史和体格检查结果,你的主要鉴别诊断是什么?应该进行哪些初步诊断?

Ⅱ. 解决环境问题是任何成功治疗跳蚤感染方案的一个主要特点。在处理方案中都应该考虑环境控制措施的哪些方面?

图 125.1　后躯显著唾液染色

图 125.2　后躯和爪部显著唾液染色

病例 125:回答　Ⅰ. 考虑到瘙痒的分布、尾基部附近存在碎屑、近期从收容所收养的病史,以及缺乏定期的跳蚤预防,该病例的主要鉴别诊断是跳蚤过敏性皮炎。对该病例的初步诊断包括跳蚤梳理、皮肤刮片和通过黏性载玻片压印涂片进行皮肤细胞学检查。没有发现活跳蚤,但是用湿的白色纸巾擦拭后,确定这类污垢是跳蚤的粪便。皮肤刮片呈阴性,细胞学样本未发现任何继发性病原体(如细菌或酵母菌),因此,证实临床怀疑跳蚤过敏性皮炎。即使没有发现跳蚤的粪便,鉴于临床表现高度怀疑跳蚤过敏性皮炎,在对幼犬进行其他瘙痒原因(皮肤有食物不良反应或特应性反应)的诊断检查之前,对该患犬的初始治疗为进行 2 ～ 3 个月的严格跳蚤控制。

Ⅱ. 环境控制包括处理家庭内部和动物的室外空间。为了解决住宅内部的问题,应该向客户概述 3 个基本步骤。第一步是彻底用真空吸尘器把卵、幼虫和蛹从地毯上清理掉。这也会刺激跳蚤出现,因此增加了需要进行吸尘的频率。真空吸尘应针对动物到访的所有区域,特别注意家具(需要移动以确保清洁周围和下方区域),以及踢脚板 / 墙角。最好使用带搅拌器的真空吸尘器,用完后应立即倒进垃圾桶并从家里拿出来。第二步是清洗或更换动物的床上用品。如果动物共享这个空间,人类的所有床上用品也要清洗。第三步是在房屋内喷洒杀虫剂。专业人士或房主可以完成这项任务。作者推荐专业服务,因为这些人受过培训,拥有经验,能够提供优质服务,在许多情况下,初始价格中包括再次服务。尽管许多房主希望自己解决这个问题,但许多人不知道彻底杀蚤这一过程所需要付出的时间和努力。此外,大多数人在正确的产品选择方面缺乏认识,导致了错误的应用,许多人未能在适当的时间内离开房间。对于户外空间,应考虑以下 5 种策略:①减少庭院内的有机垃圾;②剪短草以增加阳光照射;③减少低矮空间和未开垦的区域;④使用注册农药;⑤减少接触野生动物和流浪动物。然而,环境管理的效力应根据期望与客户进行现实的讨论。例如,与住在公寓大楼或住在动物(和其他动物)可以自由外出的大片土地上的客户相比,一个带围栏后院的独栋家庭住宅的环境管理要有效得多。

病例 126

病例 126:问题　一只 6 月龄雌性纽芬兰犬复发感染。主诉自从他们在这只犬 6 周龄时开始养它以来,已经第三次发生复发感染。该患犬的记录显示，目前已接种所有推荐的疫苗，每月服用适当剂量的口服防蚤剂（阿福拉纳），之前也曾接受过 2 次为期 2 周的口服头孢氨苄的治疗。体格检查发现散在的胸部、腹部、腋窝和腹股沟的脓疱和表皮环。无其他皮肤或被毛异常。皮肤刮片为阴性，破裂脓疱的细胞学检查显示胞内球菌。诊断为浅表性脓皮病，主人询问感染是否可能有耐药性。询问之前的症状，主人说使用抗生素时，症状消失，但停用抗生素后 2 ~ 3 周再次出现病变。虽然从病史上没有迹象表明这种感染可能具有耐药性，但为了安抚主人，进行了细菌培养，鉴定和药敏报告如表 126.1 所示。

　　Ⅰ. 这些药物中哪一种可能有效治疗当前的感染，但在该患犬中应该避免使用？

　　Ⅱ. 如果该患犬是杜宾犬而不是纽芬兰犬，什么药虽然有效，但应该避免？

　　Ⅲ. 与利福平和甲氧苄啶／磺胺甲恶唑相关的潜在不良反应有哪些？

　　Ⅳ. 该患犬脓皮病复发的主要原因是什么？

病例 126：回答　　Ⅰ. 恩诺沙星。这种抗生素是一种氟喹诺酮类药物，在该患犬中应该避免使用，原因如下。首先，该患犬是一只年轻的、快速生长的大型犬，而使用氟喹诺酮类药物会引起幼龄动物的软骨缺损。因此，不建议 1 岁以下犬或不足 18 月龄的大型

表 126.1　鉴定和药敏报告结果

动物身份：<u>001</u>	样本：<u>皮肤拭子</u>
生长：<u>大量，单一</u>	微生物：<u>假中间型葡萄球菌</u>

抗生素	假中间型葡萄球菌
阿米卡星	S
氨苄西林	R
阿莫西林 – 克拉维酸钾	R
头孢唑啉	R
头孢泊肟	R
头孢氨苄	R
氯霉素	S
克林霉素	S
多西环素	S
恩诺沙星	S
红霉素	S
米诺环素	S
苯唑西林	R
四环素	S
利福平	R
磺胺甲氧苄氨嘧啶	S

注：S，敏感；R，耐药。

至巨型犬使用恩诺沙星。其次，氟喹诺酮类药物被列为二线抗生素，鉴于目前的分离物仍对一线药物敏感，它们应优先于恩诺沙星使用。最后，使用氟喹诺酮类药物，特别是第一代药物，是选择性耐甲氧西林金黄色葡萄球菌和选择性产生超广谱 β– 内酰胺酶大肠杆菌的已知危险因素。尽管还没有证据表明与 MRSP 的发展有直接联系，但鉴于 MRSA 和 MRSP 之间的相似性，有足够的证据表明，当针对单个病例仍有可用敏感的一线药物，或安全可替代的二线药物时，这类抗生素不应用于治疗浅表脓皮病（Morris et al.，2017）。

　　Ⅱ. 磺胺嘧啶／磺胺甲恶唑＋甲氧苄啶。据报道，杜宾犬、萨摩耶犬和迷你雪纳瑞犬对磺胺类药物产生反应的风险比其他犬种更高，只有当潜在治疗效果远远超过已知的不良反应时，才应该使用这些药物（Trepanier et al.，2003）。具体来说，对杜宾犬的研究表明，这种敏感性可能是遗传性的，并且由于其对磺胺类代谢物的解毒能力有限（Campbell，1999），因此风险更高。

　　Ⅲ. 已知与小动物使用利福平相关的不良反应包括肝毒性、胰腺炎、身体分泌物（尿液、唾液、眼泪等）呈红色／橙色变色、血小板减少、溶血性贫血、胃肠道症状及红斑瘙痒（猫）。与使用强化磺胺相关的不良反应包括发热、血小板减少、肝病、干燥性角膜结膜炎（干眼症、小型犬潜在风险更大）、中性粒细胞减少、溶血性贫血、膀胱炎、关节病、葡萄膜炎、皮肤药物不良皮疹、面部肿胀、蛋白尿、面部神经病变、药物引起的甲状腺功能减退、胃肠道症状和癫痫发作。

　　Ⅳ. 犬复发性脓皮病的主要原因包括过敏性超敏反应、内分泌疾病、毛囊发育不良、角化障碍、体外寄生虫、医源性免疫抑制、自身免疫性疾病或肿瘤。由于该犬年龄小，没有服用免疫抑制药物，也没有其他症状（生长发育异常），所以肿瘤、医源性免疫抑制、内分泌疾病等鉴别诊断的可能性小。皮肤刮片阴性、缺乏跳蚤证据及每月使用异恶唑啉驱虫剂可排除蠕形螨或跳蚤过敏性皮炎。在身体上发现正常的被毛，同时皮肤没有过度的鳞屑和增厚，不太可能发生角化障碍或毛囊发育不良。由此可见，皮肤有食物不良反应、特应性皮炎或特发性细菌性毛

囊炎可能是本病例的原因。鉴于年龄和季节性因素，在进行过敏检查、过敏原特异性免疫治疗、特应性皮炎药物之前，开始食物排除试验，使用均衡的家庭烹饪饮食、新型蛋白质、水解蛋白饮食进行饲喂。

病例 127　病例 128　病例 129

病例 127：问题　成年猫的后爪如图 127.1 所示。

Ⅰ.这个情况叫什么？

Ⅱ.如果需要的话，应如何治疗？

病例 127：回答　Ⅰ.多趾畸形。这是一种遗传性疾病，猫多了一个趾。患猫似乎有"拇指"。这种情况的通用术语是"连指手套"。

Ⅱ.这种情况只影响美观，如果多出的脚趾不长到相应的爪垫或多出的脚趾不影响活动，患猫不会感到不适。应该教育患猫主人，观察猫的爪子，并根据需要修剪。如果爪子长到爪垫里，猫就会出现跛行。大多数主人都很喜欢这些猫的外观，虽然手术切除多余的脚趾可以防止爪子向内生长，但主人通常不愿这样做。

病例 128：问题　一只 3 岁雌性拉布拉多寻回猎犬最近 1 ~ 2 周出现皮疹。体格检查发现沿腹部和后肢内侧有多发性丘疹和脓疱。因此进行细胞学检查，并从受影响的区域进行皮肤刮片。皮肤刮片无明显发现，由 Diff-Quik 染色的细胞学［显微镜视野（100 倍；油镜）］如图 128.1 所示。

绿色箭头的末端是什么？

病例 128：回答　这是黑色素颗粒。黑色素颗粒可能会被缺乏经验的兽医和技术人员误认为是细菌。注意这个结构的深棕色－黑色，以及该区域其他着色结构的不同形状。正是这种颜色和形状的变化有助于区分黑色素颗粒与细菌。当细菌出现并用 Diff-Quik 染色时，其颜色会呈现淡紫色／深紫色，与中性粒细胞细胞核的颜色相似。

病例 129：问题　图 129.1 是一只 1 岁已绝育雌性混种犬的鼓膜视频耳镜图像。

Ⅰ.字母 A、B 和 C 分别指什么结构，绿色 * 标记的暗区对应的是什么中耳结构？

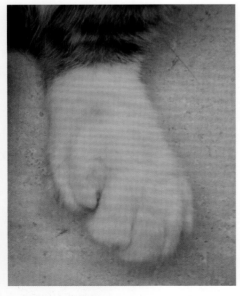

图 127.1　猫爪部病变

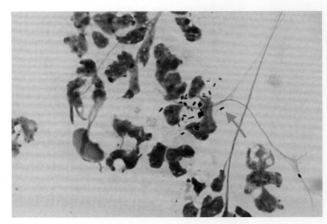

图 128.1　皮肤刮片镜检

Ⅱ.犬和猫的结构 C 在外观上有何不同？

Ⅲ.上皮细胞迁移是什么意思？

病例 129：回答　Ⅰ.犬的鼓膜分为两部分。字母 A 为松弛部，位于尾背侧，血管突出，可表现为扁平或膨大。膨大的松弛部可被误认为是肿物、异物或寄生虫。字母 B 对应鼓膜紧张部，构成鼓膜表面的大部分。当进行鼓膜切开术时，是通过这个结构的尾部腹侧进行的。字母 C 对应锤骨柄。镫骨、砧骨和锤骨组成三个听小骨，将鼓膜振动传递到卵圆窗或前庭窗。* 对应鼓泡，它与鼓室被鼓泡中隔隔开，在图像中可见明显的白色嵴。犬的鼓泡中隔是不完整的，而猫的鼓泡中隔是完整的，并将鼓室分成两个不同的部分（背外侧和腹内侧）。

Ⅱ.犬的锤骨柄呈 "C" 形，凹面朝向吻侧。而猫的锤骨柄是直的，没有弯曲的形状（Njaa et al.，2012）。

Ⅲ.上皮细胞迁移是角质形成细胞和来自鼓膜和外耳道的耵聍正常向外移动的过程。从本质上讲，这是一种正常的"自我清洁"机制，耳朵通过这种机制防止耵聍堆积。

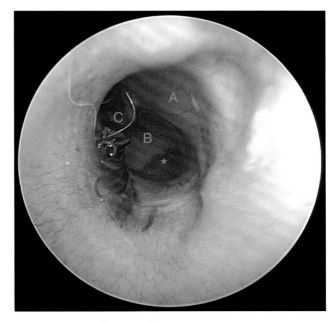

图 129.1　犬鼓膜耳镜图像

病例 130

病例 130：问题　一只 1.5 岁未绝育雌性喜乐蒂牧羊犬因面部（图 130.1、图 130.2）和耳尖反复出现结痂和脱毛就诊。病变部位无瘙痒。这些病变在患犬 20 周龄时第一次出现，并逐渐发展。皮肤刮片始终未见蠕形螨，重复真菌培养为阴性。其他几只同窝的犬也有类似的病变，怀疑是感染性皮肤病，但没有发现传染源。这些病变对口服抗生素治疗没有反应。主诉该犬吃东西很"马虎"，还没有发情。

Ⅰ.根据所提供的信息，最可能的诊断是什么？通常与这种疾病相关的其他临床症状是什么？

图 130.1　犬面部脱毛、结痂左侧外观

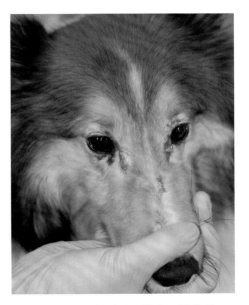

图 130.2　犬面部脱毛、结痂正面外观

Ⅱ. 这种疾病如何诊断？

Ⅲ. 这是一种遗传性疾病。这种疾病的传播方式是什么？如何治疗？

病例 130：回答　Ⅰ. 皮肌炎。这是一种不常见的疾病，主要影响皮肤，较小程度影响肌肉。确切的病因尚不清楚，但免疫介导的发病机制可能导致缺血性皮肤病。皮肌炎主要见于喜乐蒂牧羊犬和柯利牧羊犬（犬家族性皮肌炎）。临床症状多变，病变可能时好时坏，症状从轻微到严重。皮肤病变通常在 6 月龄前出现，包括眼周、耳尖、跖骨和掌骨区域，趾部和尾尖出现瘢痕性脱毛、红斑、鳞屑和结痂。肌炎是该疾病的一个特征，当出现时，与皮肤病的严重程度相关。症状较严重的犬可能表现为咀嚼和（或）吞咽困难、高踏步、巨食道和（或）吸入性肺炎。肌炎最常见的症状是咀嚼肌和后肢肌肉萎缩。

Ⅱ. 可以根据病史、品种和临床症状做出临床诊断，并排除其他可能的疾病。鉴别诊断包括皮肤癣菌病、细菌性脓皮病和蠕形螨病。这些很容易通过皮肤刮片、皮肤真菌培养和治疗反应来排除。其他鉴别诊断包括皮肤狼疮变体和血管炎。因为有可能出现后一种情况，所以应详细记录接种疫苗和用药史，特别是应调查在出现临床症状之前最后一次接种狂犬疫苗的时间。犬皮肌炎可经活检和皮肤组织病理学诊断。皮肤活检结果显示基底细胞水肿变性，基底内或表皮下连接断裂，色素失禁，毛囊萎缩，可能还有血管炎。肌肉活检和肌电图有助于诊断肌炎，但不是常规检查。肌肉活检显示炎性渗出物、肌纤维坏死和肌肉萎缩。肌电图异常包括头部和四肢远端肌肉的正锐波和纤颤电位。

Ⅲ. 这是一种遗传性疾病，在喜乐蒂牧羊犬和柯利牧羊犬中具有家族倾向。育种研究表明，牧羊犬具有常染色体显性遗传模式（Morris，2013）。治疗的目标是尽量减少临床症状的恶化，并保持犬的良好生活质量。一般建议包括尽量减少紫外线照射和限制对皮肤造成创伤的活动，因为这两者都可能加剧病变。在症状轻微的情况下，每日补充脂肪酸和维生素 E 可能有益。在反复发作的中度至重度疾病中，通常用己酮可可碱治疗，并且历来是治疗该疾病的首选药物。这些措施不能控制临床症状的情况下，应采用附加免疫调节剂（如四环素衍生物和烟酰胺、糖皮质激素、环孢素、外用他克莫司）的联合治疗。预后不明，取决于疾病的严重程度，以及在尽量减少药物不良反应时能控制症状的程度。无论疾病的严重程度如何，患犬都不能用于繁殖。

病例 131　病例 132

病例 131：问题　雌性猫跳蚤［猫栉头蚤（C.tenocephalides felis）］猫栉头蚤每日吸血量为多少？

病例 131：回答　一只成年猫蚤平均每天可以吸食 13.6 μL 血液。这相当于跳蚤体重的 15.15 倍（Dryden and Gaafar，1991）。因此，严重的跳蚤感染很容易导致幼犬或幼猫贫血。举个实际的例子，一只 0.5 kg 的幼猫大约有 30 mL 的血容量。如果幼猫在严重感染的环境中，110 只雌性跳蚤每天可能消耗幼猫 5%（1.5 mL）的血液。

病例 132：问题　一只 3 岁已绝育雌性混种犬腹部出现皮疹（图 132.1）。这是患犬首次出现这种问题，以前没有皮肤病史。体格检查发现腹部、胸部及后肢内侧均有病变。仔细检查发现完整的丘疹、脓疱、结痂和表皮环。皮肤刮片未发现寄生虫。

Ⅰ. 最有可能的临床诊断是什么？如何确诊？

Ⅱ. 如果从这些病变中获得细菌培养，最可能分离出哪些细菌？

Ⅲ. 在这种情况下，主人无法对患犬进行局部治疗。哪些全身性抗生素被认为是一线抗生素？哪种药被认为适合用于该患犬，应该使用多长时间？

病例 132：回答　Ⅰ. 浅表性细菌性毛囊炎。临床表现与细菌性脓皮病一致。在该患犬中，脓皮病的所有典型病变都存在：丘疹、脓疱、结痂性丘疹 / 脓疱和表皮环。应在未破裂的脓疱、痂下或沿表皮环边缘采样进行皮肤细胞学检查，如果从病变皮肤中观察到胞内或胞外细菌，则可做出诊断。

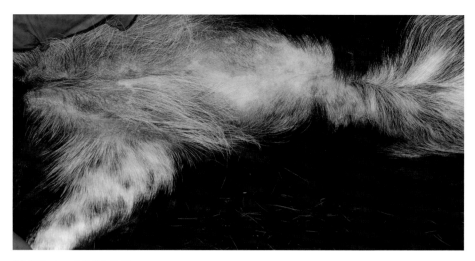

图 132.1　犬腹部皮疹

Ⅱ.犬浅表性细菌性毛囊炎最常见的病原体是假中间型葡萄球菌。其他相对少见的与感染相关的葡萄球菌属，包括金黄色葡萄球菌、施氏葡萄球菌（凝固酶可变细菌种类）和其他凝固酶阴性葡萄球菌。其他在罕见情况下遇到的细菌包括犬链球菌、铜绿假单胞菌和其他革兰氏阴性菌，犬皮肤感染通常与假中间型葡萄球菌有关（Hillier et al.，2014）。

Ⅲ.最近的几篇论文和工作组提供了浅表性细菌性毛囊炎的治疗指南，其中将全身抗生素分为适合经验性治疗的抗生素和应保留用于药敏试验证明其可使用的抗生素（Beco et al.，2013；Hillier et al.，2014）。适用于首次发生脓皮病的经验性抗生素包括：克林霉素（10 mg/kg，q12 h）、头孢氨苄或头孢羟氨苄（15 ～ 30 mg/kg，q12 h）、阿莫西林 – 克拉维酸钾（12.5 ～ 25 mg/kg，q12 h）和强效磺胺类药物（剂量和频率取决于药物制剂类型）。强效磺胺类药物在治疗过程中可能会发生不良反应，因此作者没有将该类药物用于经验性治疗，而是将其保留在没有更安全替代方案的情况下用于耐甲氧西林病例。关于第三代头孢菌素头孢维星和头孢泊肟是否应归为一线或二线，存在相当大的争议。作者倾向于不将这些药物作为经验性治疗的一线药物，但当患病动物用药困难或无药可用或主人依从性差时将它们作为首选。浅表性细菌性毛囊炎应在临床痊愈后继续治疗 1 周。根据这一指南，14 天是任何浅表脓皮病治疗的最短时间，这意味着在大多数情况下，当使用全身性抗生素时，可能需要 3 周的治疗来解决感染问题。

病例 133　病例 134

病例 133：问题　一只 1 岁已绝育雌性巴哥犬突发脱毛和皮疹。主诉该犬 2 周前无耳部或皮肤病史。患犬病史显示，其正在接种推荐的疫苗，并定期购买外用吡虫啉和口服米尔贝肟产品，每月预防跳蚤和心丝虫。体格检查发现弥散性躯干、斑片状"虫蛀性"脱毛，伴有丘疹、脓疱、结痂和表皮环。出于对主人经济上的考虑，决定从一个完整的脓疱开始进行简单的细胞学检查。患犬 4 倍和 100 倍的细胞学显微镜图像如图 133.1、图 133.2 所示。你的诊断是什么？

病例 133：回答　该犬患有全身性蠕形螨病伴有继发性脓皮病。这个病例证明在进行高倍放大观察之前先在低倍镜下扫描获得细胞学样本的重要性。在低倍镜下扫查很重要，原因有以下几个。首先，可以防止观察者忽略较大的物体，如螨虫或异物；其次，有助于确定感兴趣的区域，以更高的放大倍数观察，因为在油镜下检查所有玻片或一张玻片的所有区域是不可能的，也会降低效率。图 133.3 为与图 133.1 相同视野的 10 倍镜下的显微镜图像。绿色箭头突出显示成年犬蠕形螨。

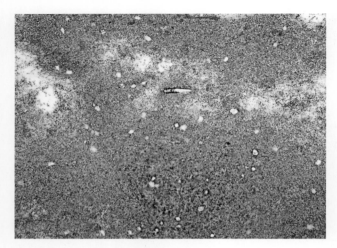

图 133.1　4 倍细胞学显微镜图像

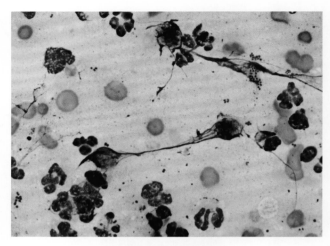

图 133.2　100 倍的细胞学显微镜图像

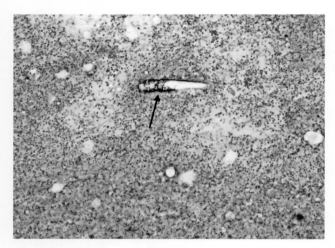

图 133.3　同图 133.1，物镜 10 ×

病例 134：问题　室内尘螨是一种常见的环境过敏原，与特应性皮炎有关，被认为在疾病的发展和传播中起着至关重要的作用。

与特应性皮炎有关的两种最常见的尘螨是什么？它们各自适合的生存环境是什么？

病例 134：回答　粉尘螨和屋尘螨。这两种螨虫都在家庭中发现，以家具、铺有地毯的地板和床上用品居多，它们以真菌孢子和皮肤鳞屑为食。大多数情况下，它们需要适宜的温度（20 ～ 30℃）和较高的相对湿度（70% ～ 90%）。粉尘螨喜欢干燥的大陆性气候，是美国最常见的尘螨。屋尘螨更容易受到湿度波动的影响，更喜欢沿海气候（Nuttall et al.，2006）。

病例 135　病例 136　病例 137

病例 135：问题　一只 1.5 岁已去势雄性橘猫因鼻子上有黑点就诊。家人最近被诊断患有黑色素瘤，主人担心猫也会患上肿瘤疾病。体格检查发现在鼻平面有几个色素沉着斑（图 135.1），主人在就诊前几个月首次发现。这些斑点不会影响猫，而且患猫其他方面很健康，以前没有皮肤问题的病史。

Ⅰ. 这个症状称为什么？

Ⅱ. 应该如何治疗？

Ⅲ. 这种综合征有什么独特之处？

病例 135：回答　Ⅰ. 橘猫的单纯性雀斑痣。这是一种在橘猫中发现的非常常见的遗传性色素沉着病，在嘴唇、鼻子、牙龈和眼睑上观察到界限清楚的无症状黄斑黑变病。在猫身上通常在 1 岁以下发生，病变开始时是非常小的黑点，随着时间的推移，黑点增多和扩大。

图 135.1　鼻平面色素沉着斑

Ⅱ. 这种情况仅仅影响美观,不需要治疗。病变不会随着时间的推移发展为黑色素瘤或其他任何肿瘤。

Ⅲ. 单纯性雀斑痣的独特之处在于,它是小动物临床中唯一公认的遗传性色素沉积病。

病例 136:问题　除虫菊酯和拟除虫菊酯的区别是什么?

病例 136:回答　除虫菊酯是从菊花中提取的,具有立即杀灭跳蚤的活性(快速击倒)。它们几乎没有残留活性,对紫外线非常敏感。它们相对无毒,适用于包括猫在内的幼龄动物。拟除虫菊酯是合成药物,在紫外线下非常稳定。它们作用于昆虫神经轴突的钠离子通道,引起神经兴奋和麻痹。它们能迅速杀死成虫,并具有一定的驱虫作用(防止寄生虫靠近)。拟除虫菊酯包括 D- 反式丙烯菊酯、苄呋菊酯、氰戊菊酯和氯菊酯。猫对这些药物特别敏感,可能导致致命的毒副作用,因此在猫中最好避免使用。

病例 137:问题　最近,曾被称为中间型葡萄球菌的病原微生物被重新分类为中间型葡萄球菌群(*Staphylococcus intermedius* group,SIG)。

哪些微生物组成了这个群体? 这种重新分类的实际意义是什么?

病例 137:回答　基于多位点序列分析,中间型葡萄球菌群由假中间型葡萄球菌、海豚葡萄球菌和中间型葡萄球菌组成。历史上,自 20 世纪 70 年代以来,中间型葡萄球菌一直被认为是犬脓皮病的主要病原体。在这个新的分类下,犬脓皮病的主要病原体是假中间型葡萄球菌。从实际角度来看,这意味着从犬身上分离的中间型葡萄球菌现在都被认为是假中间型葡萄球菌,通常在文献中被指定为(假)中间型葡萄球菌群。

病例 138

病例 138:问题　一只室内 / 室外猫在失踪几天后出现。主人注意到患猫左后肢不能负重,而且当触摸腰部区域时感到疼痛并嚎叫。被毛杂乱,有渗出物,从尾头区域散发恶臭。在轻度镇静和剪毛后,发现以下情况(图 138.1、图 138.2)。

Ⅰ. 你的诊断是什么? 这种疾病的病因是什么?

Ⅱ. 在该疾病的描述上,常使用一种宿主 - 寄生虫关系的分类方案,分为强制性、兼性及偶然性。每种分类的定义是什么? 请对每种分类举例说明。

Ⅲ. 如何确认致病微生物的种属?

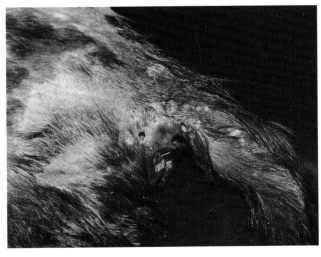

图 138.1　剪毛后皮肤外观

图 138.2　剪毛后皮肤外观溃疡、渗出等

Ⅳ. 应怎样治疗该患猫?

病例 138：回答　Ⅰ. 蝇蛆病。这是由一种双翅目蝇幼虫侵袭组织而导致的疾病。这种疾病主要是因为不注意动物卫生而导致的。苍蝇成虫在伤口、潮湿的皮肤或肮脏/蓬乱的被毛上产卵,特别是在虚弱或躺卧的患猫身上。随后孵化出幼虫并分泌酶类,可迅速液化组织,导致组织损伤和破坏。

Ⅱ. 强制性蝇蛆病中其幼虫需要活组织来完成其生命周期。引起蝇蛆病的蝇种可以在未感染的伤口中产卵,或者穿透宿主的皮肤,侵入更深的组织。属于这一分类的蝇类包括初级螺旋蝇(蛆症金蝇或嗜人锥蝇)和蝇类(黄蝇)。兼性蝇蛆病是非寄生性蝇幼虫侵染患猫而发生的疾病。通常情况下,这些苍蝇在腐烂的有机碎屑中产卵,但它们也会在感染的伤口或肮脏蓬乱的被毛上产卵。属于这一类别的蝇类有丽蝇属、绿蝇属、蝇属、伏蝇属和麻蝇属。当犬或猫摄入蝇卵或幼虫时,会发生偶然性蝇蛆病,但幼虫不会引起临床疾病或在生命阶段进一步发育。

Ⅲ. 如有必要,有两种方法可以确定引起疾病的蝇种。第一种方法是可以收集幼虫并提交检查其特征结构,特别是幼虫的口器、后气门或柱头板。第二种方法是把幼虫养到成虫为止,成虫很容易被识别出来。

Ⅳ. 首先对患猫进行评估,以确保病情稳定,因为蝇蛆病患猫可能发展为休克、中毒或败血症。其次用聚维酮碘或稀释的洗必泰冲洗伤口。重要的是要刮除病变边界以外的部位,因为幼虫会沿深层的组织平面迁移,因此,通常会出现伤口远端的组织破坏。如果有少量幼虫存在,简单的机械清除可能是最容易的,但在大多数情况下,需要使用全身性药物快速杀死幼虫。用于此目的的药物包括以除虫菊酯为基础的产品、伊维菌素、烯啶虫胺和多杀菌素/米尔贝肟(Correia et al., 2010;Han et al., 2017)。烯啶虫胺是一种能迅速吸收和排泄的新烟碱类物质。一旦发现蝇蛆病,立即给予烯啶虫胺,可以在机械消除前迅速杀灭幼虫,尤其对于那些体况不稳定,不能立即进行镇静后清创的患病动物更有用。在非常虚弱的患病动物中,烯啶虫胺也可经直肠给药(标签外使用)。需要注意的是,伤口继发性感染很常见,应给患病动物使用合适的广谱抗生素(即阿莫西林-克拉维酸钾)。

病例 139

病例 139：问题　一只 5 岁已绝育雌性拉布拉多寻回猎犬出现摇头和挠耳朵的症状(图 139.1)。患犬是家里唯一的犬,大部分时间在户外,和许多其他动物一起生活在一个小型休闲农场里。主诉该犬曾间歇性地使用预防跳蚤和蜱虫的驱虫药。体格检查发现双耳脱毛、红斑和轻度结痂,并在右侧耳廓凸面有紧密黏附的褐色昆虫聚集(图 139.2)。从患犬身上取下一只昆虫,在低倍显微镜下进行观察(图 139.3)。

Ⅰ. 你的诊断是什么?这种生物的天然宿主是什么?

Ⅱ. 如何治疗/预防这种疾病?

图 139.1　犬面部侧面观

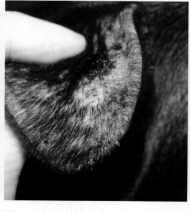

图 139.2　右侧耳廓褐色昆虫附着

图 139.3　图 139.2 虫体镜检

病例 139：回答　Ⅰ.禽角头蚤引起的跳蚤性皮炎。这种跳蚤是家鸡的主要寄生虫，可能是由于患犬没有持续使用预防跳蚤的驱虫药，而从农场的鸡身上感染的。已知这种寄生虫会导致与受感染家禽接触的犬和猫出现感染。当小动物发生该跳蚤感染时，通常在耳缘或爪垫周围发现。由于这种寄生虫体型小、缺乏口器和前胸背栉，及跳蚤头部形状，因此可以被识别出来。

Ⅱ.对该患犬的治疗是人工清除虫体后，持续使用任何一种用于预防和治疗跳蚤感染的杀虫剂。为了防止这种情况进一步发生，需要对家禽和场所进行处理。可以人工清除鸡身上的跳蚤，使用适当的产品（喷雾剂和粉类）处理它们，清洁环境（清除垫料并处理巢箱），并在室外处理跳蚤。

病例 140　病例 141　病例 142　病例 143

病例 140：问题　图 140.1 为一片 4 mg 甲泼尼龙。

药片上的分线表明什么？分片的利弊是什么？当主人被要求给药片分片时，应该给他们什么建议？

病例 140：回答　该药片上的分线表明，它可能会被分成 4 份，如果操作得当，可均匀地分为 4 个 1 mg 片剂。能够将药片分开的优点在于，可以灵活地为小动物临床中经常遇到的各种体型的患病动物提供剂量；对于吞咽有困难的患病动物，分小的药片也可以帮助用药；此外还会降低治疗成本。药片分片的缺点是主人可能很难进行均匀的分割，导致明显的剂量波动；也可能会因为粉碎/破坏的部分导致药物损失；它还可能会使主人接触到具有危险药理作用的药物。总的来说，对于半衰期长、治疗范围广或剂量波动不是主要问题的药物，片剂分线的临床影响应该很小。对于化疗和免疫抑制药物等治疗窗狭窄的药物，情况则并非如此。对于缓释药物、肠溶包衣药物或未包衣的片剂上没有分线的制剂，不建议将片剂拆分。在可以使用的情况下，应指导主人用手掰开药片，因为人类医学研究表明，用手掰开药片比用药片分割器或菜刀更容易（vanRiet-Nales DA，2014；Somogyi et al.，2017）。当需要药片分割器或菜刀分药时，应为患病动物主人进行示范，以强调正确的操作技术。如果主人确实无法进行药片分片，也可以提前为主人分好药片，但这可能会影响药物稳定性。

病例 141：问题　图 141.1 为一只 4 岁已绝育雌性拳师犬的鼻镜背侧。在犬 1 ~ 2 岁时这种病变开始出现并缓慢发展。据诉该病变没有影响到犬的正常生活，但主人认为很不美观。体格检查未见其他明显异常。

Ⅰ.该犬最有可能患有的疾病的临床名称是什么？临床上是如何治疗的？

Ⅱ.如果该病变突然发生在一只老龄犬上，合理的鉴别诊断是什么？

Ⅲ.拉布拉多寻回猎犬身上的哪种皮肤病与此类似？

图 140.1　4 mg 的甲泼尼松片剂

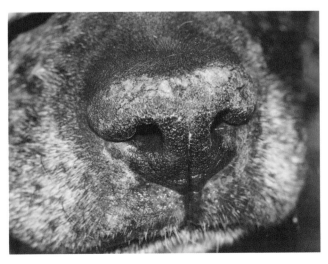

图 141.1　犬鼻平面外观

病例 141：回答　Ⅰ.特发性鼻趾角化过度。发病年龄小，进展缓慢，缺乏其他临床病变支持这一临床怀疑。角化过度可影响鼻子、爪垫或两者，可作为先天性、遗传性或老年性变化发生。这种疾病主要是外观上的变化，但在严重的情况下，病变区域的开裂可能会导致疼痛。这种角化问题是可以控制的，需要终身治疗。治疗的主要目标包括软化和去除过多的角蛋白。在病变严重的病例中，可能需要使用剪刀或修剪器修剪。而轻到中度病变的病例，如本病例，使用保湿剂或角质软化剂即可。每天涂抹凡士林（7～14 天）、鱼石脂、水杨酸或丙烯凝胶等产品，直到鼻部区域接近正常，然后减少到每周使用 1～2 次，以维持治疗。

Ⅱ.急性发作的鼻和（或）爪垫结痂应怀疑落叶型天疱疮、皮肤狼疮变体和肝皮综合征。鼻趾角化过度的其他鉴别诊断包括锌反应性皮肤病、利什曼病、犬瘟热或皮角。当怀疑这些病因时，活检有助于鉴别。

Ⅲ.拉布拉多寻回猎犬的遗传性鼻角化不全与此病例类似（Peters et al., 2003）。这是拉布拉多寻回猎犬或其混种犬的一种罕见疾病，具有常染色体隐性遗传模式。病变通常首次见于 6～12 月龄，开始时为鼻镜背侧角化过度堆积。严重程度各不相同，一些犬的鼻子上只有少量干燥的褐色角蛋白，而其他犬则出现严重的裂缝和糜烂。组织病理学上，该综合征的特征是角化不全性角化过度和表皮内存在浆液性病灶。患有这种疾病的犬主要通过保湿剂治疗。

病例 142：问题　与病例 141 中讨论的拉布拉多寻回猎犬的临床症状相似的一种特定品种猫。
该疾病的名称是什么？受影响的猫是什么品种？

病例 142：回答　孟加拉猫的溃疡性鼻部皮炎。这种情况的特点是早发（4～12 月龄）轻微的鼻镜角化过度，可逐渐发展为严重的结痂、皲裂、糜烂和脱色。组织病理学显示明显的角化不全性角化过度伴多细胞性皮炎。有限的治疗经验表明，类似用于犬的鼻角化过度的干预措施是有效的。然而，有零星报道局部用他克莫司治疗可迅速使病变消退，这让人不禁质疑这种疾病的确切病因是什么（Bergvall, 2004）。

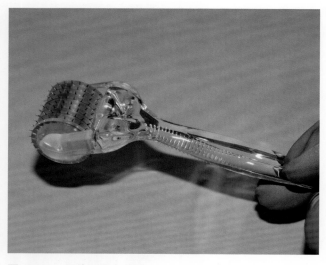

图 143.1　医疗／美容仪器

病例 143：问题　图 143.1 所示的医疗／美容仪器的名称是什么？它用于犬的什么皮肤病？

病例 143：回答　这是一个微针器。该装置根据其使用材料、滚轮上微针的数量和长度而有所不同。该仪器已被皮肤美容行业使用，作为一种紧致皮肤的方法，用于改善皮肤表面外观或减少疤痕。该仪器在皮肤表面滚动使用，这些微针会刺入皮肤，对皮肤造成表面创伤。所产生的微创伤足以诱导局部创面修复物质 TGF-β3、成纤维细胞生长因子 7、胶原蛋白 I 的释放。由于这些功能，最近的一项调查研究了该仪器在 X 型脱毛上的应用，曾有报道证明，在 X 型脱毛这种疾病中，皮肤创伤的部位可诱发被毛生长。该仪器被用于 2 只被诊断为 X 型脱毛的已绝育雌性博美犬上，这 2 只犬之前的其他治疗都失败了。据作者报道，在手术后 5 周时观察到被毛生长，在手术后的 12 周，被毛显著生长，在手术后 12 个月时，未观察到重新生长的被毛发生脱落，状态稳定（Stoll et al., 2015）。目前尚不清楚这种方法是否能使被毛永久再生，但它可能为主要是外观问题的疾病提供一种安全的美容治疗选择。

病例 144：问题　环孢素是动物医学皮肤科常用药物。

Ⅰ.该药物的来源是什么？

Ⅱ.该药物的作用机制是什么？

Ⅲ.该药物的标签适应证是什么？

Ⅳ.该药物在动物医学中用于什么情况？

Ⅴ.与该药物相关的最常见的不良反应是什么？

病例 144：回答　Ⅰ.环孢素是从白僵菌（膨大弯颈霉）中分离出来的。

Ⅱ.环孢素是一种钙调磷酸酶抑制剂，主要抑制 T 细胞的活化。该药物通过结合胞内受体亲环蛋白 -1 来实现这一功能。这种复合物会抑制钙调磷酸酶，防止去磷酸化和活化 T 细胞的转录因子核因子（NF-AT）的激活。这可以防止多种促炎细胞因子的产生，如 IL-2、IL-4、干扰素 - γ 和肿瘤坏死因子 - α。抑制 IL-2 产生被认为是环孢素的免疫调节作用的关键（Forsythe 和 Paterson,2014）。除作用于 T 细胞外，环孢素还作用于 B 细胞、抗原递呈细胞、角化细胞、肥大细胞、嗜酸性粒细胞、内皮细胞和嗜碱性粒细胞。

Ⅲ.在美国，环孢素被许可用于控制至少 6 月龄且体重至少 1.82 kg（4 lb）犬的特应性皮炎，以及控制至少 6 月龄且体重至少为 1.36 kg（3 lb）猫的过敏性皮炎，其过敏性皮炎表现为皮肤抓伤、粟粒性皮炎、嗜酸性皮肤病变和自损性脱毛。

Ⅳ.环孢素已被用于治疗犬特应性皮炎、猫过敏性皮炎、幼犬蜂窝织炎、无菌结节性脂膜炎、血管炎、皮肤反应性组织细胞增多症、落叶型天疱疮（对猫更有效）、肛周瘘管、跖骨瘘管、皮肤狼疮变体、葡萄膜皮肤病综合征、终末期增生性外耳炎、多形性红斑、鼻动脉炎、无菌性肉芽肿／化脓性肉芽肿综合征、猫浆细胞性爪部皮炎、皮肌炎和皮脂腺炎（Palmeiro，2013）。

Ⅴ.轻微的胃肠道症状（呕吐、腹泻和厌食）是最常见的不良反应，约 40% 的动物出现这种不良反应（Nuttall et al.,2014）。乳头状瘤性皮肤病变、牙龈增生和多毛症偶尔可见，主要影响美观，可通过减少剂量或停止治疗改善。在罕见情况下，神经系统症状可能会伴随病毒、原虫、细菌和真菌感染。目前，以标准剂量使用环孢素治疗特应性皮炎时，似乎不是肿瘤发展、肾毒性或系统性高血压的危险因素（Nuttall et al.，2014）。

病例 145：问题　一只 2 岁可卡犬主诉双侧溢泪和眼周瘙痒（图 145.1）。体格检查发现轻微的原发性脂溢性皮炎症状（鼻部角化过度和鳞屑）。眼周的分泌物黏稠且有臭味，该区域的压印涂片显示有细菌和酵母菌。最初的诊断是原发性脂溢性皮炎伴轻度面部皮褶脓皮病。经 21 天口服抗生素和酮康唑治疗后，表皮和眼周瘙痒没有缓解，然而，皮肤压印涂片显示微生物感染已经消退。进一步检查患犬发现没有面部摩擦、啃咬或全身瘙痒。犬的结膜发红，巩膜充血并伴有溢泪。

该品种的犬溢泪的 2 个常见原因是什么？

图 145.1　溢泪和眼周瘙痒

病例 145：回答　该品种溢泪的 2 个最常见原因是鼻泪管堵塞及双行睫。该犬鼻泪管通畅。在轻度镇静下仔细检查发现上下眼睑有严重的双行睫。本病例采用电脱毛术治疗双行睫。

病例 146

病例 146：问题　一只 3 岁小型腊肠犬出现持续 6 ~ 8 周的强烈瘙痒症状。该犬一年前曾被诊断为特应性皮炎，当时主人选择了由抗组胺药和鱼油补充组成的支持性护理，因为他们不想进行药物或过敏原特异性免疫治疗。

患犬之前的瘙痒一直很轻微。主诉今年有些树开花后不久瘙痒开始加重。皮肤刮片未发现蠕形螨，也未发现跳蚤，犬每月定期口服跳蚤预防剂。犬腹部、颈部和四肢远端脱毛、皮肤增厚、色素增多，有一些斑片状的轻微结痂，皮肤缝隙渗出物非常油腻（图 146.1、图 146.2）。

Ⅰ. 该犬的皮肤压印涂片会显示哪些常见的微生物感染？

Ⅱ. 假设发现了这 2 种常见的病原体，应如何治疗这些联合感染？

Ⅲ. 这 2 种生物之间的关系是什么？

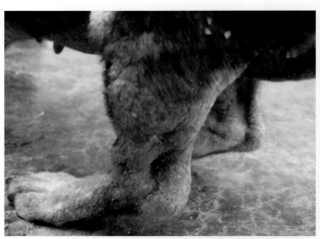

图 146.1　左后肢鳞屑、脱毛、结痂

病例 146：回答　Ⅰ. 假中间型葡萄球菌和马拉色菌并发感染在瘙痒患病动物中很常见，特别是患有特应性皮炎、角化障碍或内分泌疾病的犬。

Ⅱ. 假设细胞学检查结果证实该患犬同时存在这两种情况，则需要至少 4 周的时间同时治疗细菌和酵母菌感染。对于并发感染的患犬有 3 种治疗方法。

第一种方法是用含有咪康唑、克霉唑或酮康唑联合洗必泰的配方，通过沐浴、喷雾剂、洗液、摩丝或某种组合局部治疗这两种感染。如果只使用局部治疗，则需要经常使用（每周至少 3 ~ 4 次）。

第二种方法是使用全身性抗生素治疗这两种感染。这需要同时使用抗真菌药物（酮康唑、氟康唑或特比萘芬）和口服抗生素（头孢氨苄、克林霉素、阿莫西林 – 克拉维酸钾）。如果仅采用全身治疗，该患犬可能需要同时使用 2 种药物进行 4 周的治疗。

第三种方法是结合局部和全身性抗菌治疗。如果选择这种方法，对某些患病动物来说，整体治疗时间可能会缩短，通常每周只外用 2 ~ 3 次（可能更频繁）。

Ⅲ. 葡萄球菌与厚皮马拉色菌之间似乎存在共生关系，导致微生物产生互利的生长因子和微环境改变（Rosales et al., 2005）。临床证据表明，马拉色菌皮炎患犬皮肤上的假中间型葡萄球菌数量增加，经常并发脓皮病，与仅治疗一种病原相比，同时治疗两种病原的患病动物临床表现更好。

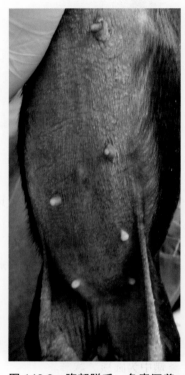

图 146.2　腹部脱毛、色素沉着

病例 147　病例 148

病例 147：问题　一只幼猫由于行为原因就诊，主人注意到与其他小猫相比，它显得焦躁不安。该幼猫来自一个小型农场，生活在户外。主人还说，该幼猫比其他幼猫挠和梳理自己的次数更多。除被毛外，体格检查正常，被毛呈斑片状脱毛，全身被毛变薄，肉眼可见被毛周围有白色生物（图 147.1）。在被毛分离时，观察到许多生物体移动。

Ⅰ. 最有可能的诊断是什么？如何进行诊断？

Ⅱ. 这种寄生虫分为 2 个主要的亚种，它们分别是什么，哪些物种影响犬和猫？每一种的主要临床特征是什么？哪个物种最有可能感染该幼猫？

Ⅲ. 在猫上，还有可能存在哪种肉眼可见的白色寄生虫？

病例 147：回答　Ⅰ.虱子病或虱子感染。诊断可通过肉眼检查被毛或使用跳蚤梳梳理，因为虱子是大型寄生虫。通过对皮肤刮片、被毛镜检或醋酸胶带制备获得的样本进行显微镜检查，也可以诊断。

Ⅱ.虱子分为两个亚目：虱目（吸虱）和羽虱目（咬虱）。棘颚虱是犬的吸虱，它更容易附着在皮肤上，在感染严重的动物中会导致贫血。犬毛虱和猫毛虱分别是犬和猫的咬虱。咬虱比吸虱移动得更快，可能会引起更多的刺激。被感染的动物存在轻度至重度的瘙痒。此外，犬毛虱（图 147.2）可能作为犬复孔绦虫（犬绦虫）的中间宿主。虱子对寄主有特异性，因此，这只猫感染了猫毛虱。

Ⅲ.其他可以肉眼观察到的白色寄生虫是鸡皮刺螨（*Dermanyssus gallinae*）、姬螯螨和猞猁螨。

图 147.1　脱毛外观

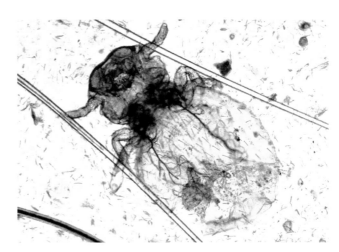

图 147.2　犬啮毛虱

病例 148：问题　一只 1 岁去势雄性暹罗猫，存在渐进性脱毛和过度理毛现象。主人大约 6 个月前收养该患猫，从那时起，发现患猫梳理次数增加。图 148.1 为从脱毛区域周围采集的被毛样本。

诊断是什么？什么物种与猫有关？它如何与动物医学中观察到的其他已知物种区分？

病例 148：回答　姬螯螨病。图 148.1 为姬螯螨卵。这种螨虫的卵有松散的纤丝附着在被毛上，可通过卵和无盖游离端确定是该寄生虫。这与虱子相反，虱子更大，牢固地黏在毛干上，游离端有盖，如图 148.2 所示，这是一张近状猫毛虱幼虫的显微镜图像。布氏姬螯螨是与猫相关的最常见物种，而牙氏姬螯螨和寄食姬螯螨分别寄生于犬和兔子。该螨不表现出严格的宿主特异性，并构成人畜共患病风险。该物种可以通过成年螨膝上最前面的一对腿上的一个感觉器官来相互识别。这种结构在布氏姬螯螨中为圆锥形，在牙氏姬螯螨中为心形，而在寄食姬螯螨中为圆顶/球形。

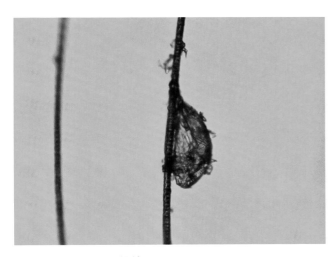

图 148.1　被毛取样镜检

图 148.2　姬螯螨卵

病例 149

病例 149：问题　图 149.1 ~ 图 149.4 为一只 10 岁已去势雄性约克夏㹴。主诉该犬有持续 5 个月的全身瘙痒加重、过度鳞屑和色素变化。该犬既往无皮肤病史，皮肤刮片呈阴性。患犬此前曾接受局部塞拉菌素、头孢氨苄和酮康唑的治疗，但未见任何改善。瘙痒症对糖皮质激素治疗无反应。今天的体格检查发现全身红斑，大面积鳞屑形成，黏膜（口腔、眼部和肛门）脱色并结痂。细胞学样本取自口周区域的一块结痂下面。患犬细胞学样本的代表性显微镜图像如图 149.5 所示。

Ⅰ. 患犬最有可能的诊断是什么，你将如何证实你的怀疑？

Ⅱ. 该患犬的治疗方案是什么？

病例 149：回答　Ⅰ. 趋上皮性淋巴瘤。发病年龄、进行性和同时发生的红皮病（红斑和过度鳞屑）、黏膜脱色、非糖皮质激素反应性瘙痒和细胞学上出现肿

图 149.1　口周结痂正面观

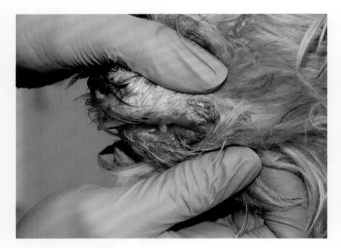

图 149.2　口周结痂侧面观

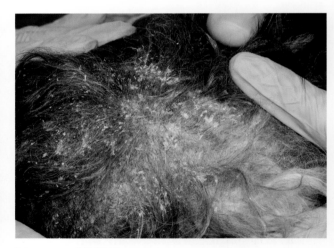

图 149.3　大量鳞屑

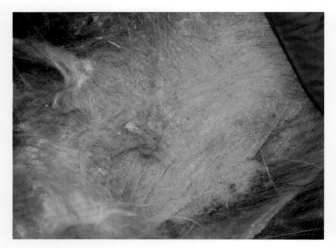

图 149.4　脱毛、红斑、结痂

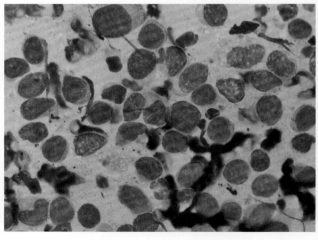

图 149.5　病变镜检

瘤淋巴细胞是这种疾病的特征。趋上皮性淋巴瘤是一种罕见的淋巴瘤变体，肿瘤细胞浸润表皮结构（表皮、毛囊和附属结构）。尽管细胞学检查结果可能提示趋上皮性淋巴瘤，但需通过组织病理学活检确诊，这表明肿瘤细胞的特征性趋上皮性，并与非趋上皮性皮肤淋巴瘤区分开。

Ⅱ. 对于该病例主要采用姑息治疗，因为病情预后不良，诊断后的中位生存期为 6 个月（Fontaine et al.，2010）。已经提出了几种治疗方案（事实证明全都不具有良好的疗效），即利用高剂量亚油酸治疗（红花油）、洛莫司丁、合成类维生素 A、糖皮质激素、联合细胞毒性药物、光疗和整个皮肤的放疗。目前，最常用的药物仍然是口服洛莫司丁，每 3 周给药 1 次，但最近的一份病例报告显示，可进一步评估整个皮肤放疗的有效性（Santoro et al.，2017）。

病例 150　病例 151　病例 152

病例 150：问题　什么是氢氧化钾（KOH）制片，它是如何使用的？

病例 150：回答　KOH 制片是一些皮肤科医生使用的标准技术，用于直接显微镜检查被毛、鳞屑和爪子中的真菌菌丝和孢子。使用 KOH 是因为它能清除角蛋白，暴露这些结构，使它们更容易被发现。这项技术通过将角质化的样本放在载玻片上，在覆盖样本之前加入几滴 10% ～ 20% KOH 的液滴进行。然后将载玻片温和加热 15 ～ 20 秒（不要过热／沸腾）或在显微镜检查前放置 15 ～ 30 分钟。

病例 151：问题　一只 3 岁腊肠犬表现为双侧耳廓脱毛（图 151.1、图 151.2）。脱毛在缓慢发展，仅限于耳廓，而且犬不表现瘙痒。皮肤刮片呈阴性，真菌培养也呈阴性。皮肤活检显示所有毛囊都缩小了。

Ⅰ. 该患犬脱毛最可能的原因是什么？

Ⅱ. 该患犬被诊断出的第二种公认的疾病是什么？

Ⅲ. 对该患犬应提出哪些治疗建议？

病例 151：回答　Ⅰ. 最可能的原因是耳廓型脱毛。这种类型的脱毛主要发生于平滑毛腊肠犬和刚毛腊肠犬。犬出生时被毛正常，在 6 ～ 9 个月后的某个时间会发展出仅限于耳廓的进行性脱毛，导致被毛完全脱落和耳朵色素沉着。约克夏㹴犬的脱毛和黑皮病在临床上与这种情况非常类似，而且实际上可能是同一种疾病在不同品种中的表现（Mecklenburg et al.，2009）

Ⅱ. 腹部型脱毛，其特征是沿体表腹侧、大腿尾内侧和耳后区域的渐进性脱毛。与耳廓型相似，患犬出生时被毛正常，6 月龄后，发展为渐进性脱毛，使患病区域完全脱毛。这种类型的脱毛常见于腊肠犬、吉娃娃犬、迷

图 151.1　耳廓脱毛左侧观

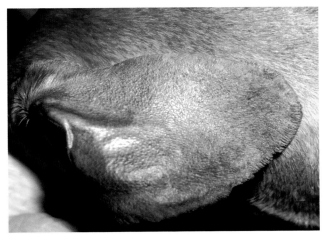

图 151.2　耳廓脱毛近照

你杜宾犬、惠比特犬、灵缇犬、意大利灵缇犬、波士顿狗犬、曼彻斯特狗犬和拳师犬。

Ⅲ.这些都是美观问题，因此不需要治疗。自发性被毛再生几乎不可能发生，但在某些病例中可见。

病例 152：问题　对 2 只不同的犬进行浅表细菌性脓皮病的评估（图 152.1、图 152.2）。一只为敏感株假中间型葡萄球菌感染，另一只为耐甲氧西林假中间型葡萄球菌感染。

这两种感染分别与哪张图片对应？

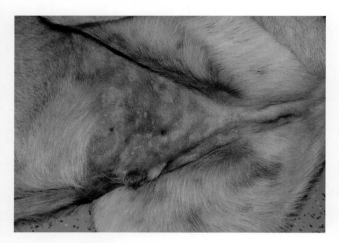

图 152.1　腹部病变 Ⅰ

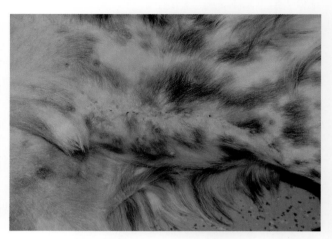

图 152.2　腹部病变 Ⅱ

病例 152：回答　在临床上，简单的体格检查无法区分耐甲氧西林和敏感株中间型葡萄球菌感染。确定这一点的唯一方法是细菌培养和药敏试验。当培养出的金黄色葡萄球菌和假中间型葡萄球菌都是凝固酶阳性的葡萄球菌时，如果实验室不是兽医专用的诊断实验室，则应及时通知实验室。从客户教育和治疗患病动物的角度来看，人畜共患病的影响很大。一般来说，假中间型葡萄球菌不易在人体内定殖或引起疾病，但在某些情况下，这种微生物在人体内可引起感染。假中间型葡萄球菌定殖在兽医工作者中可能更常见。

病例 153　病例 154　病例 155

病例 153：问题　一只患有盘状红斑狼疮的犬因难治性疾病而被转诊治疗（图 153.1）。这种疾病是动物医学中已知的会因暴露在紫外线光下而加重或引起的疾病之一。

Ⅰ.紫外线辐射的光谱是什么？

Ⅱ.紫外线相关疾病如何分类？

Ⅲ.海拔对紫外线照射有什么影响？

Ⅳ.SPF 是什么意思？

病例 153：回答　Ⅰ.紫外线对皮肤的影响是复杂的，我们对这些影响的理解也在不断发展。紫外线构成电磁辐射光谱的一小部分，通常分为 3 种。第一种是 UVC（290～320 nm）。UVC 在到达地球表面之前就被臭氧层除去，具有杀菌作用。第二种是 UVB（290～320 nm），它被认为是光谱中的红光区，会

图 153.1　鼻部病变

导致晒伤、局部皮肤免疫抑制和 DNA 损伤。约 90% 的 UVB 辐射被臭氧层吸收，但尽管如此，UVB 仍然是到达地球表面的主要光谱。第三种是 UVA（320 ~ 400 nm），这种黑色光谱与光老化有关，会加重紫外线相关的皮肤病，并增强 UVB 免疫抑制的效果。UVA 不被臭氧层过滤，而是被大气因素消耗（Palm and O'Donoghue，2007）。

Ⅱ . 由紫外线照射引起或加重的皮肤病可分为 4 大类：①免疫介导或特发性（即光化性皮炎）；②药物／化学介导的光敏性；③ DNA 修复缺陷（即致癌）；④光加重性皮肤病（即皮肤狼疮变体）（Bylaite et al.，2009）。紫外线对个体的影响取决于暴露时间、强度和患病动物固有的特征，如皮肤颜色和被毛厚度。

Ⅲ . 紫外线辐射强度随季节（夏季较强）、一天中的时间（中午前后最强）、地面（雪反射 UVB）和海拔高度而变化。据报道，海拔升高 300 m 会使紫外线强度增加 4%，而海拔升高 1 km 会导致紫外线辐射增加 10% ~ 25%（Palm and O'Donoghue，2007）。控制紫外线照射的方法包括限制户外活动，使用防护服（澳大利亚有几家专门针对犬类的公司）或防晒霜。

Ⅳ . 防晒系数（Sun protection factor，SPF）是一个用来衡量防晒程度的概念。SPF 是指涂了防晒霜的皮肤与未涂防晒霜的皮肤之间的最小红斑剂量（皮肤发红的时间）的计算比率。这意味着，如果一个人需要在太阳下暴露 10 分钟才会出现红斑，那么理论上，涂抹 SPF 为 30 的防晒霜可以提供 300 分钟的防晒效果。

病例 154：问题　产品 Tactic12.5%（大动物剂型）和 Mitaban 19.9%（小动物剂型）中的活性成分为双甲脒。通常情况下，10.6 mL Mitaban 在 9.2 L（2 加仑）水中稀释，用于治疗犬蠕形螨。

如果目前没有小动物剂型，需要用多少 Tactic 来代替 10.6 mL 的 Mitaban？如何计算？

病例 154：回答　首先，计算 Mitaban 稀释所需双甲脒的克数。

$$19.9\% = 19.9 \text{ g 双甲脒 /100 mL 溶液}$$
$$19.9 \text{ g 双甲脒 /100 mL 溶液} \times 10.6 \text{ mL 溶液} = 2.1 \text{ g 双甲脒}$$

其次，计算需要多少毫升 Tactic 才能得到相同的量。

$$12.5\% = 12.5 \text{ g 双甲脒 /100 mL 溶液}$$
$$2.1 \text{ g 双甲脒} \times 100 \text{ mL}/12.5 \text{ g 双甲脒} = 16.8 \text{ mL Tactic}$$

因此，16.8 mL 的 Tactic 可代替 10.6 mL Mitaban 用于稀释。

病例 155：问题　一只 3 岁雌性约克夏㹴犬因持续性右耳感染就诊。主诉首次感染发生于 5 个月前，曾多次用外用软膏治疗，每次 7 ~ 10 天。主诉每次治疗耳朵，临床症状都有所改善，但在停药后 2 周内复发。此外，将药物送入耳朵也变得越来越困难。体格检查显示右耳道柔软，触诊垂直耳道时患犬有中度不适。由于增生性改变阻碍了对耳道的彻底检查，耳道开口明显狭窄（图 155.1）。没有发现脑神经异常症状，左耳道未见明显异常，其余部位亦未见明显异常。耳部细胞学检查发现混合的细菌种群和马拉色菌属，并伴有白细胞。

根据临床表现，对该患犬应实施的最重要的治疗措施是什么？

图 155.1　耳道口狭窄

病例 155：回答　考虑到增生性改变导致耳道狭窄，治疗该患犬最重要的是将耳道恢复开放，防止进

图 155.2　复诊时耳道口外观

一步的慢性炎症改变。完成这一任务最有效的治疗药物是全身性糖皮质激素。泼尼松或其衍生物的处方剂量应为 1 mg/kg 或接近 1 mg/kg，每天一次，然后根据临床反应和药物相关不良反应的发生逐渐减少剂量。在该病例中，甲泼尼龙以每天 1.1 mg/kg 的剂量开始，连续 10 天，然后在 30 天的疗程中逐渐减少剂量。与此同时，由于无法确定鼓膜的完整性，因此，开始时使用氟喹诺酮类作为活性抗菌药物的外用专利组合耳药。治疗 21 天后停止局部治疗，耳道细胞学检查也发现继发性感染已缓解。图 155.2 显示初次就诊后 30 天的外耳道。经过初步治疗，特应性皮炎最终被确定为复发性耳炎的原因，随后用过敏原特异性免疫疗法治疗。

病例 156

病例 156：问题　一只 10 岁雄性去势西施犬，有 5 个月的四爪渐进性肿胀、结痂及出血病史。主诉患犬之前曾接受过全身性抗生素和抗真菌药物及局部抗菌药物的治疗，但收效甚微。经检查，四爪均出现明显病变。指间红斑伴角皮脂碎屑和水肿，同时足底可见多个小结节伴出血性窦道（图 156.1、图 156.2）。肩前淋巴结和腘淋巴结突出，体格检查未见其他异常。

Ⅰ. 爪部皮炎的临床表现最常见的原因是什么？

Ⅱ. 你选择通过被毛镜检确认你的临床怀疑。在这方面，被毛镜检和皮肤刮片存在哪些诊断差异？

病例 156：回答　Ⅰ. 犬蠕形螨足皮炎。这是全身性蠕形螨病的一种独特表现形式，在作者看来，这种形式的疾病最容易被误诊。这些患病动物通常较为疼痛，未能准确诊断，同时许多临床医生认为病变在其他部位。在许多病例中，病变可能仅局限于足部，临床症状与标准的全身性蠕形螨病相似。在几乎所有的病例中，足部病变都伴有继发性细菌感染，这也需要在治疗期间解决。在该病例中，这也是使用全身性抗生素治疗时，主人观察到部分改善的原因。所有足皮炎病例均应采集被毛或皮肤刮片样本进行检查，以排除蠕形螨这种可能的潜在病因。

Ⅱ. 被毛镜检是一种诊断方法，通过从病变区域拔毛进行。把被毛放在一滴矿物油的载玻片上，盖上一个盖

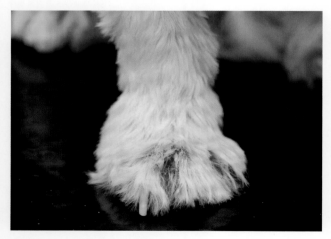

图 156.1　指间红斑、渗出、结痂

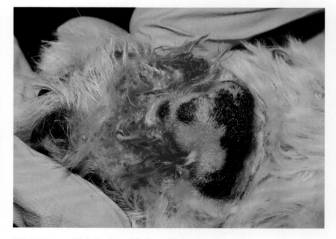

图 156.2　足底红斑、渗出、出血

玻片，进行光学显微镜检查。当动物怀疑有蠕形螨病且病变局限于难以刮拭的区域（面部和爪部）时，作者首选这种诊断方法。一项研究评估了在犬蠕形螨病中被毛镜检与皮肤刮片的诊断效用，发现被毛镜检的敏感性约为85%（Saridomichelakis et al., 2007）。同样的研究还表明，被毛镜检对全身性蠕形螨病和继发性感染的诊断更为准确。因此，当只使用被毛镜检时，重要的是要取足够数量的被毛和样本，以降低未发现寄生虫的可能性。考虑到被毛镜检的敏感性较低，因此阴性结果不一定会排除蠕形螨病这一潜在病因。

病例 157

病例 157：问题　一只 3 岁雌性猎浣熊犬，因在过去的一年半中非季节性的抓挠和啃咬行为逐渐恶化而就诊。体格检查时，发现前肢头内侧、颈腹侧、腋下和腹股沟区域有明显的全身性红斑伴脱毛（图 157.1 ~ 图157.5）。此外，颈腹侧可见丘疹，爪背可见唾液染色。患病动物的皮肤刮片和被毛镜检无明显发现。从所有受影响区域采集的压印细胞学样本显示马拉色菌和成对的四联球菌。

Ⅰ. 应该如何初步治疗该患犬？

Ⅱ. 如果怀疑该患犬患有特应性皮炎，该如何诊断？

Ⅲ. 犬特应性皮炎的临床表现是什么？

Ⅳ. 特应性皮炎患犬暴露过敏原的主要途径是什么？

病例 157：回答　Ⅰ. 该患犬存在继发性皮肤感染，极有可能是潜在的过敏性疾病的结果。首先应该对这些感染进行治疗，以确定它们对患犬临床症状的影响程度。因为病变的广泛性，可以使用局部治疗或联合全身性抗生素和抗真菌药物治疗感染。无论何种治疗方案，治疗时长都应为 3 ~ 4 周，然后重新评估继发性感染是否消失。一旦继发性问题得到解决，就可以评估患犬的基本症状，以确定是否需要进一步干预，如果需要，可以更好地监测这些治疗的效果。

Ⅱ. 犬特应性皮炎是根据患犬的病史和临床特征，排除其他与症状相符或重叠的皮肤病而做出的临床诊断。在该病例中，发病年龄和临床症状与该疾病一致。如果继发感染解除后瘙痒仍持续，首先要考虑的是跳蚤过敏性皮炎。根据患犬的地理位置，跳蚤可能是全年的问题。在进行进一步诊断之前，应核实主人是否正在实施有效的成蚤控制，治疗时间长短与地理位置有关。除跳蚤外，还应考虑其他体表寄生虫，如疥螨和姬螯螨，无论是否在刮片中发现它们，都应当考虑为潜在病因。强烈建议在急性发作的病例和极度瘙痒的动物中进行试验性治疗。一旦控制了继发感染，排除了寄生虫感染的可能性，非季节性症状患犬应考虑皮肤有食物不良反应。至少要进行 8

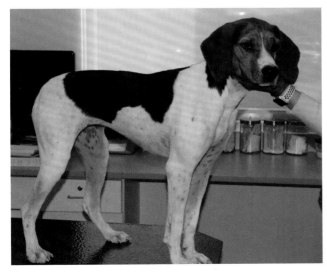

图 157.1　犬整体外观照

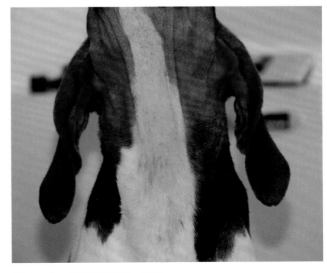

图 157.2　颈腹侧红斑、脱毛

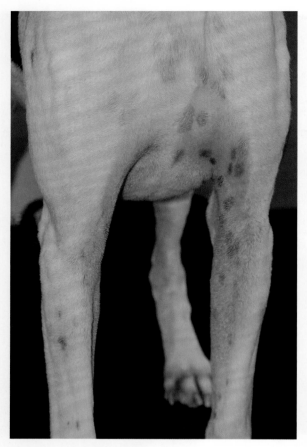

图 157.3　双前肢头内侧红斑、脱毛

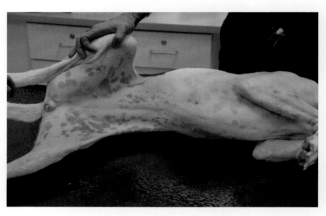

图 157.4　腹股沟红斑、脱毛

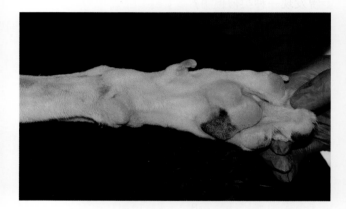

图 157.5　爪腹侧红斑、脱毛

周的严格食物排除试验，以确定饮食是否对患犬的症状起作用。如果进行这些治疗后患犬仍然瘙痒，那么，患犬才能被确诊为特应性皮炎。需要记住的是，患犬可能对不止一种物品过敏。在这些罕见病例中，需要同时控制所有问题，才能解决患犬的临床症状。

Ⅲ. 特应性皮炎患犬的症状包括瘙痒、脱毛（自损）、复发性脓皮病或马拉色菌性皮炎、复发性外耳炎、脓性创伤性皮炎、肢端舔舐性皮炎和结膜炎。

Ⅳ. 特应性皮炎患犬过敏表现的最重要途径是经皮暴露（Marsella et al.，2012）。

病例 158　病例 159

病例 158：问题　一只 4 岁雄性比格犬因在过去 3 周内使用头孢氨苄进行适当的全身性抗菌治疗，但脓皮病相关的病变仍未得到解决而就诊。体格检查显示脓疱和表皮环，细胞学检查证实细胞内和细胞外有球菌。获得细菌培养的样本，并提交药敏报告，显示了单纯生长的耐甲氧西林假中间型葡萄球菌菌株。

如何治疗耐甲氧西林葡萄球菌感染与甲氧西林敏感葡萄球菌感染，预期临床结果如何？

病例 158：回答　对甲氧西林敏感或耐甲氧西林葡萄球菌脓皮病的治疗时间指南相同。对于浅表性感染，不管甲氧西林耐药状态如何，治疗时间应持续 3 ～ 4 周，或临床症状缓解后再治疗 1 周。对于深部脓皮病，治疗时间应持续 6 ～ 8 周，或临床症状缓解后再治疗 2 周。此外，二者之间的临床结果相似，预后良好，取决于潜在的原因和共存病。然而，耐甲氧西林葡萄球菌感染的临床解决可能需要更长时间，可能是慢性感染或皮肤病理改变的结果，而不是耐甲氧西林菌株毒性更强的结果（Cain，2013）。

病例 159：问题　一只 5 月龄雌性拉布拉多寻回猎犬，面部和前肢远端有多个隆起无毛肿物（图 159.1）。经过询问，主诉 2 周前第一次观察到的肿物是小的结痂，现在面积越来越大。触诊病灶有疼痛，并容易出现浆液性分泌物。皮肤刮片和被毛镜检没有显示螨虫或真菌，皮肤细胞学检查也显示没有感染原。对其中一个结节进行细针抽吸，结果如图 159.2 所示。

Ⅰ.你的诊断是什么？

Ⅱ.病变的名称是什么，它们是什么，是怎么引起的？

Ⅲ.猫很少出现这种类型的病变。然而，在猫身上曾发现一种类似但更严重的病变。这种情况叫什么名字？在哪个品种中最常见？

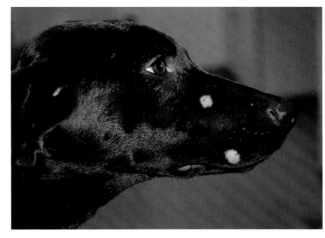

图 159.1　面部无毛肿物

病例 159：回答　Ⅰ.皮肤癣菌病。FNA 结果显示脓性肉芽肿性炎症，存在隔膜，负染的真菌菌丝。

Ⅱ.这种病变称为脓癣。脓癣是一种边界清晰、渗出性、炎性结节型疖病，可长期发展为窦道。它们最常与石膏样小孢子或须毛癣菌有关，通常在面部和四肢远端发现。该病例中，通过培养结果确定致病因子为须毛癣菌。这只患犬曾经去过农场，有人见过它追逐兔子和啮齿动物。因此，推断接触源来自农场中的这些动物。

Ⅲ.皮肤真菌性假足分支菌病。这些病变是一种以肿瘤样生长为特征的慢性皮肤真菌感染。假足分支菌病的特征是一个或多个隆起的、坚实的皮下结节，可沿后背躯干形成瘘管，主要见于继发犬小孢子菌感染的波斯猫。治疗皮肤真菌性假足分支菌病是困难的，

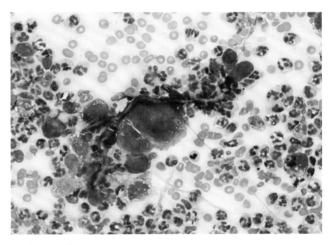

图 159.2　细胞学镜检

可能需要手术切除和长期抗真菌治疗。约克夏㹴犬也有类似的病变。

病例 160　病例 161

病例 160：问题　一只 2 岁雄性去势拳师犬，颈腹侧有一小的、直径大约 1 cm 的圆形肿物，如图 160.1 所示。该犬的主人还养过其他几只拳师犬，但都死于肿瘤性疾病。主人非常担心，因为这种病变在幼犬身上发展得非常迅速。除此之外，该犬很健康。对肿物进行细针抽吸，得到如图 160.2 所示的细胞学图片。

Ⅰ.诊断结果是什么？

Ⅱ.预后如何？治疗的选择是什么？

Ⅲ.这种紊乱表现为一系列的病症。简要描述它们。

病例 160：回答　Ⅰ.组织细胞瘤。细胞学显示一群大而圆的细胞，核质比中等，含有丰富的嗜碱性细胞质，细胞边缘平滑或呈扇形。细胞核的形状从圆形到椭圆形不等，也有的呈锯齿状、肾状。细胞核染色质细腻，核仁模糊。

Ⅱ.这是幼犬常见的良性肿瘤，最常见于拳师犬和腊肠犬（Moore，2014）。肿瘤通常在 3 个月内自行消退，

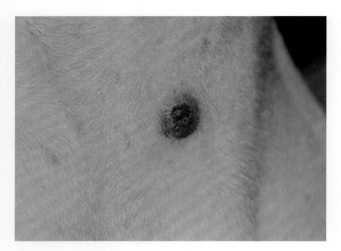

图 160.1　肿物外观

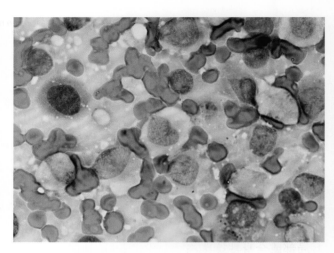

图 160.2　细胞学镜检

不需要任何特殊治疗。当病灶出现问题（瘙痒、溃疡或感染）时，手术切除通常可以治愈，但很少需要手术切除。

Ⅲ. 多种有记录的组织细胞综合征会影响犬和猫，其中一些在犬上得到了确认（Moore，2014）。最常见的是幼犬的组织细胞瘤，是单个的良性肿瘤，可以在任何年龄的犬上发生，但通常在 3 岁之前观察到。它们被描述为圆形或纽扣状肿瘤，常见于头部、耳廓或四肢。肿瘤通常出现得非常快，在 3 个月内自行消退。皮肤组织细胞增多症是一种影响中老年犬皮肤和皮下组织的炎症性增生性疾病，罕见情况下会累及局部淋巴结。病变通常表现为多发性红斑或结节，可能溃烂，并倾向于在躯干和四肢出现。然而，病变可能局限于鼻镜，患犬看上去像"小丑"样外观。大多数犬都受益于免疫调节疗法，病变有逐渐消退的趋势。系统性组织细胞增多症与皮肤组织细胞增多症相似，在皮肤表现方面有许多临床相似之处。这两种疾病的显著差异包括幼龄犬和中年犬发病的区别、明显肿大的淋巴结及累及多器官系统。这是一种进展缓慢的疾病，临床症状取决于病变的范围和位置，可能包括厌食、体重减轻、结膜炎和呼吸困难。病变和症状趋于消退，但不会自发消退。治疗通常为使用硫唑嘌呤、来氟米特或环孢素进行的积极免疫抑制治疗。组织细胞肉瘤是一种罕见的肿瘤，为局部或弥散型疾病。临床症状取决于所涉及的组织或器官。组织细胞肉瘤可发生在皮肤、脾脏、胃、肝、淋巴结、肺、骨髓、中枢神经系统和四肢的关节周围/关节组织。任何形式的组织细胞肉瘤都可能预后不良，弥散型表现出快速、致命的进展。

病例 161：问题　什么是来氟米特，它用于哪些皮肤病，以及该药物的主要不良反应是什么？

病例 161：回答　来氟米特是前体药物，其代谢物特立氟胺是一种免疫调节剂。该药被认为主要通过两种作用机制发挥作用。第一种是通过抑制二氢乳清酸脱氢酶，该酶与嘧啶的合成有关，从而抑制淋巴细胞的活化和增殖。第二种是抑制细胞因子的产生和酪氨酸激酶介导的信号转导。该药很少作为主要或唯一的治疗药物使用，常在标准治疗失败时作为辅助或替代免疫抑制剂使用。它主要用于自身免疫性疾病，如落叶型天疱疮或组织细胞疾病。理想的剂量和治疗监测方案尚未建立。已报道的不良反应包括骨髓严重抑制（贫血、白细胞减少和血小板减少）、骨髓坏死和严重胃肠道症状（呕血和便血）。

病例 162　病例 163

病例 162：问题　一只 7 岁已绝育雌性拳师犬，主诉其皮肤坚硬。在过去的 6 个月里，该犬的皮肤长出了石头一样硬的肿物。大多数病变似乎不会影响犬的生活，然而，少数病变出现渗出和瘙痒，犬会啃咬这些病变处。体格检查发现患犬沉郁、气喘、壶腹、躯干被毛变薄，有多饮/多尿、多食病史。在皮肤科检查中，有许多界限清晰、坚实的红斑和其他脱毛区域，并有白色颗粒物质的集聚（图 162.1、图 162.2）。这些凸出的斑块分布广泛，后肢背侧和尾部最多。

Ⅰ. 该皮肤病变最可能的诊断是什么？

Ⅱ. 如何解释犬的瘙痒？

Ⅲ. 还有哪些疾病会导致皮肤出现这些病变？

病例 162：回答　Ⅰ. 皮肤钙质沉着症。患犬患有肾上腺皮质功能亢进。

Ⅱ. 皮肤钙质沉着症的病变出现严重炎症，可引起疼痛和瘙痒。通常认为继发于肾上腺皮质功能亢进的皮肤钙质沉着症患犬不会表现瘙痒，然而，情况并非总是如此。这些病变通常类似于深部脓皮病，使动物感到瘙痒。皮肤钙质沉着症目前尚无特效治疗方法。当根本原因被解决和治疗（医源性或自发性肾上腺皮质功能亢进）后，病变就会消失。皮肤钙质沉着症的病变好转后会变得非常瘙痒，并经常伴随继发感染。当存在继发感染时，需要局部或全身性抗菌治疗，可能会减轻患病动物的瘙痒。皮肤钙质沉着症的治疗时间（几周到几个月）取决于病因。

Ⅲ. 皮肤钙质沉着症可分为营养不良或转移性钙化，后者最常见的原因是慢性肾脏疾病。营养不良的原因包括炎症（异物、蠕形螨病、全身性真菌感染）、退行性（毛囊囊肿）、肿瘤、内分泌相关（皮质醇增多症或糖尿病）、医源性（经皮给予钙制剂）和特发性。

病例 163：问题　一只 4 岁雌性绝育混血犬，4 个月前出现多发性皮肤肿物。体格检查发现多个 1 ～ 2 cm 隆起、坚硬的红斑结节（图 163.1）。病变无瘙痒且有被毛。主诉病变时多时少。犬其他方面都很健康。

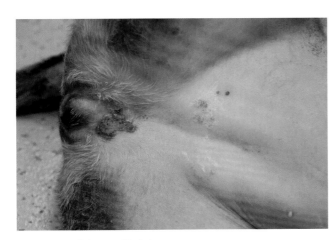

图 162.1　腹部红斑性病变

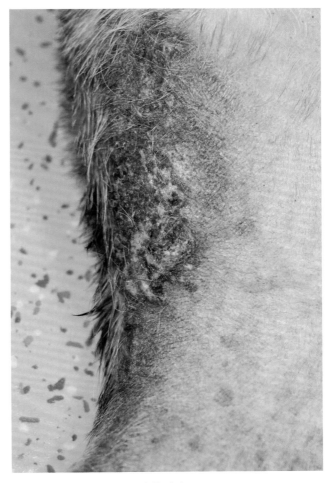

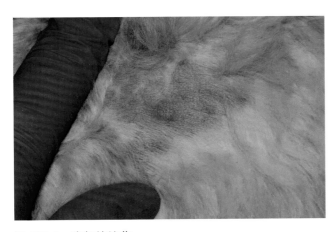

图 163.1　隆起的结节

图 162.2　脱毛、颗粒物集聚病变

Ⅰ. 犬的结节和肿物样病变可分为炎症性（感染性和非感染性）和肿瘤性。在该病例中需要进行哪些初始诊断测试？

Ⅱ. 列出该犬病变的非感染性鉴别诊断。

病例 163：回答　Ⅰ. 应先进行细针抽吸。在此病例中，首先进行细针抽吸检查的目的是评估犬的皮肤结节是否为肥大细胞瘤。因为考虑到病史中提到结节时大时小，因此，细针抽吸需要确认肿物是否为肥大细胞瘤。此外，细针抽吸样本可提供病变内细胞群的初步信息，并可能诊断感染性病原体。找到这些原因中的任何一个都可能改变所进行的额外测试。确定细针抽吸给予诊断信息，则应进行进一步的诊断，如皮肤活检和组织培养。由于犬的年龄和整体健康状况，不太可能发生肿瘤。因此，最有可能的原因是感染性或无菌性疾病。应通过无菌术采集样本进行培养，并提交需氧、真菌和分枝杆菌培养。

Ⅱ. 皮肤结节的非感染性病因包括荨麻疹、血管性水肿、嗜酸性肉芽肿、节肢动物咬伤性肉芽肿、皮肤钙质沉着症、局限性钙质沉着、黄瘤、脂膜炎、血肿、血清肿、皮肤淀粉样变性、组织细胞疾病、结节性皮肤纤维化、无菌性结节性肉芽肿 / 脓性肉芽肿、多形性红斑、皮样囊肿 / 毛囊囊肿、多发性皮肤 / 毛囊肿瘤，以及异物反应。这是一例特发性无菌结节性脂膜炎病例。犬口服泼尼松龙（2 mg/kg，q24 h）治疗，直到病变消退，在接下来的数月内逐渐减少用量。虽然本病例未见复发，但这种疾病复发很常见，患犬可能需要终身治疗。停药后容易复发的病例可采用环孢素（5 mg/kg，PO，q24 ~ 48 h）进行管理。

病例 164　病例 165

病例 164：问题　吡虫啉是一种常用的杀虫剂，在 20 世纪 90 年代初由拜耳公司引入动物医学市场，用于治疗和预防跳蚤感染。这种药物的作用机制是什么？用于小动物临床的药品名是什么？这些产品的标签适应证是什么？

病例 164：回答　吡虫啉是一种新烟碱类杀虫剂，与烯啶虫胺和呋虫胺是同一系列的化学品。这些药物作为烟碱乙酰胆碱受体激动剂，对昆虫受体有选择性。新烟碱与突触后膜受体（主要存在于昆虫的中枢神经系统）结合导致快速的神经去极化和昆虫神经系统的抑制，从而导致瘫痪（Vo et al.，2010）。吡虫啉是下列犬猫药物的主要成分，并附有标签适应证：

● Advantage Ⅱ（吡虫啉和吡丙醚）是一种外用滴剂，用于预防和治疗犬的跳蚤感染和虱子感染。如有必要可以每周使用 1 次。

● K9 Advantix Ⅱ（吡虫啉、吡丙醚和氯菊酯）中含有氯菊酯，可导致猫神经毒性和死亡，因此，仅用于犬。在一项对澳大利亚从业人员进行的调查中，这种外用滴剂是导致猫体内氯菊酯中毒的第二大常见产品（Malik et al.，2010）。该产品标签适应证为：预防和治疗犬上的跳蚤、蜱、咬蚤 / 蚊子和虱子。

● Advantage Multi（吡虫啉和莫昔克丁）可作为犬和猫的外用滴剂使用。本产品可预防心丝虫；预防和治疗跳蚤感染；治疗咬虱、疥螨、耳螨、犬钩虫、猫钩虫、狭头钩虫、犬弓首蛔虫、猫弓首蛔虫、狮弓蛔虫和犬鞭虫。在许多国家都可以买到一种类似配方的产品，其商品名为爱沃克，附有额外的标签适应证，用于治疗肺线虫（*Eucoleus aerophilus*）、耳螨，以及治疗和控制蠕形螨病。

●索来多（吡虫啉和氟米特欣）可作为犬和猫的项圈使用。该产品的标签适应证为预防蜱虫感染、预防和治疗跳蚤感染、杀死咬虱和治疗和控制疥螨。这款产品的独特之处在于，可以连续佩戴 8 个月。

病例 165：问题　一只 3 岁已绝育雌性拳师犬，每年进行体检和接种疫苗。在医院里，主人注意到该犬一直在啃咬爪子。体格检查时，你观察到脱毛、明显的红斑、4 只爪的前部和外侧肿胀、爪垫角化过度。除了爪部的变化外，皮肤的变化并不明显。作为患犬每年体检的一部分，进行了粪便漂浮试验，结果如图 165.1 所示。

Ⅰ. 患犬可能的诊断是什么？是什么种类的线虫导致犬的这种情况？

Ⅱ. 对该患犬应提出哪些治疗建议？

病例 165：回答　Ⅰ. 钩虫性皮炎，在粪便漂浮试验中观察到钩虫卵。这种情况是巴西钩虫（*Ancylostoma brazilian*）、犬钩虫或狭头弯口线虫（*Uncinaria stenocephala*）的第三期幼虫引起的，这些幼虫生长在草地或受污染的土壤上，经皮侵入与地面接触的皮肤。钩虫皮炎累及的身体部位包括四肢远端、后肢尾侧、胸骨、腹部、会阴、尾部和骨性突起部上方（肘部、跗关节）。温暖的气候更容易出现钩虫，而狭头弯口线虫在寒冷的气候时容易出现。

Ⅱ. 患犬应使用适当的驱虫剂（芬苯达唑或双羟萘酸噻吩嘧啶）清除目前的感染，并每月进行一次心

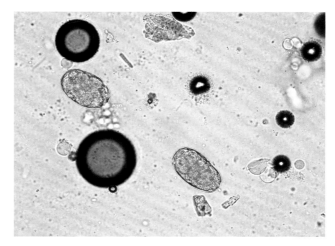

图 165.1　粪便漂浮镜检

丝虫预防和肠道寄生虫感染预防，以帮助防止复发。短期使用全身性或局部糖皮质激素有助于缓解瘙痒。这种寄生虫病需要在确诊后对环境进行清理，可以通过良好的卫生习惯（每天清除粪便）、定期使用预防心丝虫的药物，以及在清洁区域动物运动。某些情况可能需要用硼酸钠处理污染区域。

病例 166　病例 167

病例 166：问题　一只猫因面部和四肢上有长达 6 周的无法愈合的有渗出物的结节而转诊。一名兽医怀疑是细菌感染，并按照正确的剂量给患猫开具了 21 天的口服抗生素。该猫对治疗无反应，主诉感染似乎正在扩散。体格检查发现在面部、耳廓及四肢远端有多个大小不一的溃疡性伴有渗出物的结节（图 166.1）。对渗出物进行压印涂片检查。压印涂片（图 166.2 中绿色箭头）显示严重的化脓性肉芽肿炎症和大量的胞质内微生物。

Ⅰ. 诊断是什么？治疗的选择是什么？

Ⅱ. 这种疾病在犬上有什么独特的临床表现？

Ⅲ. 在细胞学上，巨噬细胞内可能观察到什么传染性生物体？

图 166.1　面部结节外观

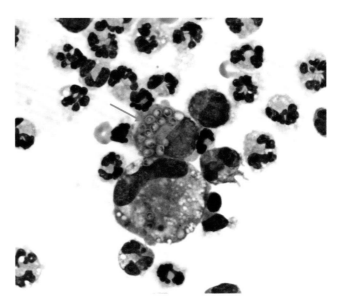

图 166.2　渗出物细胞学镜检

病例 166：回答　Ⅰ.组织胞浆菌病是一种由双相性组织胞浆菌引起的皮下真菌疾病。这种微生物在世界各地都有发现，有 3 个变种：荚膜变种（新世界病原体）、腊肠变种（旧世界病原体）和杜波变种（非洲病原体）。该微生物与富含氮的有机物（如鸟和蝙蝠粪便）的土壤有关。家庭盆栽植物也可能是暴露源（Reinhart et al.，2012）。目前，伊曲康唑被认为是首选治疗方法。最近的研究表明，氟康唑是一种可能的替代品（Reinhart et al.，2012；Wilson et al.，2018）。

Ⅱ.犬主要表现为胃肠道症状，可能没有明显的呼吸系统症状。最常见的胃肠道症状是伴有便血的大肠性腹泻。严重的胃肠道病变可导致蛋白丢失性肠病和重度体重减轻（Blache et al.，2011）。

Ⅲ.巨噬细胞内可能发现的感染性生物体包括分枝杆菌、皮肤真菌孢子、申克孢子丝菌、组织胞浆菌属、利什曼原虫属和红球菌属。

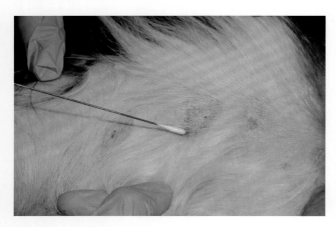

图 167.1　皮肤采样

病例 167：问题　图 167.1 中所示的诊断技术是什么，该技术的基本步骤是什么？

病例 167：回答　细菌培养。该技术的基本步骤如下：①无菌切开脓疱或丘疹／提起结痂／暴露渗出性周边边缘；②将培养棉签插入病灶或沿暴露表面滚动；③将培养拭子放入运输系统；④从培养的病变处获取细胞学样本（确保两种检测的一致性）；⑤将收集到的样本提交给能够鉴别与动物医学相关的葡萄球菌的实验室。在送检时，应向参考实验室提供简要的病史和细胞学检查结果。

病例 168　病例 169　病例 170

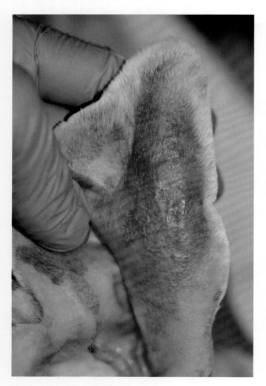

图 168.1　左耳廓凹面外观

病例 168：问题　阿根廷杜高犬左耳廓的凹面如图 168.1 所示。主人回到家后发现犬在发抖，并抓挠左耳。检查时，犬保持头部向左倾斜，左耳廓内侧有一个柔软的波动性肿胀。

Ⅰ.最有可能的诊断是什么？

Ⅱ.主人不相信这个诊断。如何证实呢？

Ⅲ.治疗方案有哪些？

病例 168：回答　Ⅰ.耳血肿。

Ⅱ.可以通过从肿胀处抽吸液体（即血液）确诊。使用小号针头进行抽吸，因为耳血肿较疼痛，且血肿内部的压力会致使血液渗出。

Ⅲ.耳血肿有许多治疗方法，但诊断和治疗潜在的耳病（外耳炎、耳螨等）对于减少复发的概率是至关重要的。耳血肿会导致患病动物不适，但不会危及生命，在大多数情况下无须治疗即可治愈，但会形成瘢痕。最好选择以下方式进行干预：单纯抽吸、置乳头套管（图 168.2）、Penrose 引流管、闭合引流、病灶内或全身糖皮质激素治疗、"S" 形切口和全层交错缝线的手术矫正、通过穿孔活检创建圆形孔，或通过 CO_2 激光技术进行手术矫正，在此过程中创建部分厚度圆形小孔，随后创建多个全厚度切口（图 168.3）（MacPhail，2016）。

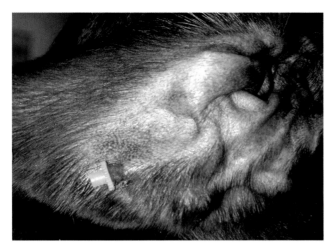

图 168.2　留置套管

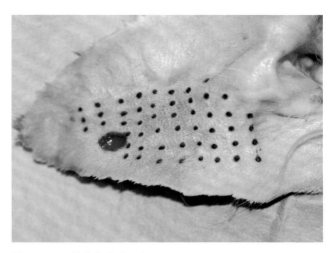

图 168.3　创建多个全层切口

病例 169：问题　一只 4 岁拉布拉多寻回猎犬因趾间复发结节破裂并流出略带血色的液体而入院。主诉患犬只在病变出现的时候舔舐爪部。体格检查显示，双前爪的背侧，第四和第五指之间有疼痛、波动的肿胀和窦道。检查趾腹部发现明显的红斑、肿胀、毛囊堵塞，在爪部背侧轻柔操作时挤出角化皮脂腺碎屑（图 169.1、图 169.2）。

Ⅰ. 诊断结果是什么？

Ⅱ. 这种情况下首选治疗方案是什么？

病例 169：回答　Ⅰ. 犬趾间毛囊囊肿。病变通常见于幼犬，表现为趾间背侧结节、出血性大疱或窦道。趾间毛囊囊肿最常发生在前爪的第四和第五指之间，也可能发生在任何地方，影响一个以上的指间间隙，或对称发生。目前对这种情况发生原因的理解是，囊肿继发于与先天性（内翻或外翻畸形）或获得性解剖畸形相关的趾间异常摩擦或创伤（Duclos et al., 2008）。异常的摩擦或磨损造成指间皮肤的变化，导致毛囊堵塞。在毛囊腔内不断产生角蛋白，导致毛囊扩张和囊肿形成。囊肿破裂导致角蛋白、被毛和细菌被释放到真皮中，引起感染和异物反应。毛囊囊肿的反复破裂可导致瘘管形成和背侧病变形成。

Ⅱ. 趾间毛囊囊肿的首选治疗方法是 CO_2 激光手术消融。该治疗方法的步骤已有详尽描述，首次成功率约为 70%（Duclos et al., 2008）。常见复发，可能需要反复手术以永久治疗这种情况。在早期病变发展或手术干预不可行时，可以尝试药物治疗，但效果往往有限。

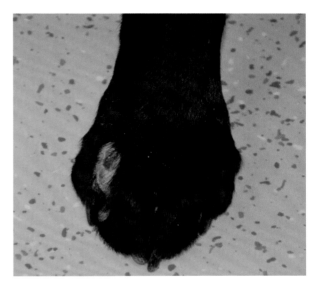

图 169.1　趾部背侧脱毛、肿胀、渗出

图 169.2　趾腹部红斑、肿胀

使用含有过氧化苯甲酰、水杨酸或泻盐的产品可能有益，因为它们具有毛囊冲洗和角化特性。抗菌药物和全身性糖皮质激素治疗可能有助于解决与囊肿破裂相关的继发性感染和炎症，但既不能解决病情，也不能防止进一步发展。如果试图进行药物治疗，抗菌治疗的持续时间应足够长，以解决深部感染。

病例 170：问题　在美国得克萨斯州靠近墨西哥边境的地方发现一只 6 月龄的流浪幼犬，该犬脚部疼痛。体格检查发现幼犬发热，爪垫明显角化过度，轻微鼻角化过度，并伴有眼和鼻分泌物。

Ⅰ. 犬爪垫病变的鉴别诊断是什么？

Ⅱ. 在该病例中，哪一种鉴别诊断最可能导致爪垫角化过度？

病例 170：回答　Ⅰ. 与爪垫病变相关的疾病包括接触性皮炎、犬瘟热、利什曼病、落叶型天疱疮和寻常型天疱疮、大疱性类天疱疮、系统性红斑狼疮、血管炎、肝皮综合征、锌反应性皮肤病、家族性爪垫角化过度、特发性鼻趾角化过度，以及爪垫皮角。

Ⅱ. 该幼犬的疫苗接种史不详，且有系统性疾病的迹象，因此，犬瘟热是最有可能的病因。

病例 171　病例 172

病例 171：问题　一只 2.5 岁已去势雄性标准贵宾犬，因被毛颜色和质地发生变化而就诊（图 171.1、图 171.2）。近距离的皮肤检查显示，病变区域过度干燥，可见鳞屑和毛囊管型。之前的诊断和治疗包括皮肤刮片、压印涂片、真菌培养、跳蚤控制和口服头孢氨苄 30 天（30 mg/kg，q12 h）。对治疗没有反应，先前的所有诊断检测均未见异常。皮肤活检显示缺乏皮脂腺、毛囊周围轻度淋巴细胞浸润、角化过度、毛囊堵塞。

Ⅰ. 诊断结果是什么？

Ⅱ. 该疾病在什么品种中高发？

Ⅲ. 治疗这种疾病的主要目标是什么？

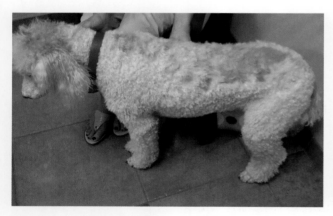

图 171.1　犬背部病变外观照

图 171.2　被毛颜色加深近照

病例 171：回答　Ⅰ. 皮脂腺炎。

Ⅱ. 标准贵宾犬、秋田犬、萨摩耶犬、维兹拉犬、哈瓦那犬、比格犬和金毛寻回猎犬。

Ⅲ. 治疗的主要目标：①如果活检样本中存在活动性炎症和腺体，则防止进一步的腺体破坏（环孢素、糖皮质激素、类维生素 A）；②为皮肤补充油脂（婴儿油浸泡剂和局部润肤剂）和改善屏障功能（含神经酰胺 / 植物鞘氨醇的香波和补充脂肪酸）；③预防和管理继发感染。

病例 172：问题　一只 5 月龄雄性家养短毛猫，表现为被毛无光泽和颈腹部肿胀伴窦道（图 172.1）。主诉在发病前 2 天首次发现被毛变化和病变。幼猫没有发热，触诊也不觉得疼痛。处理肿胀时，在窦道的开口处观察到一个移动的物体。将物体从肿胀处取出（图 172.2）。

Ⅰ. 这个物体是什么？

Ⅱ. 这种情况应该如何治疗？

图 172.1　颈腹部肿胀

图 172.2　肿胀内取出虫体

Ⅲ. 这种寄生虫的主要宿主是什么?

病例 172：回答　Ⅰ. 黄蝇幼虫。

Ⅱ. 治疗方法包括小心地清除幼虫。这可能需要手术扩创，以清除所有寄生虫（图 172.3）。幼虫残留的部分可能会导致异物反应、刺激性反应，极少数情况下还会导致变应／过敏性反应。然后冲洗伤口并作为开放性伤口处理。根据继发感染的程度，应使用基础广谱全身性抗生素治疗 10 ～ 14 天。可能需要止痛药。

Ⅲ. 家兔和啮齿动物是黄蝇的天然宿主，影响家兔的物种对宿主的特异性较低。

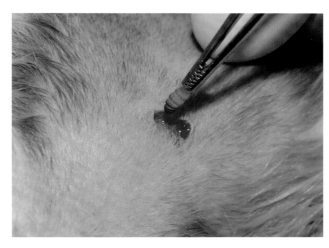

图 172.3　小心取出虫体

病例 173　病例 174

病例 173：问题　图 173.1 中展示的是什么技术，它可以用来帮助诊断什么疾病?

病例 173：回答　跳蚤梳检查。有助于直接收集，可以粗略地识别如跳蚤、跳蚤粪便或虱子。它也可以用于提高姬螯螨的检出率。如果用该方法诊断姬螯螨，则需要对患病动物身体进行大面积地梳理，收集鳞屑和表面碎屑。收集的材料可以放置在有盖培养皿中，在解剖显微镜下进行检查，或者放置在粪便漂浮装置中进行类似于在粪便中寻找肠道寄生虫的处理。

病例 174：问题　一只 7 月龄犬，因主人认为第一次出现"肿物"而就诊。图 174.1 所示是在体格检查中观察到的簇状被毛，通常被描述为皮肤上的蜂巢状表现。

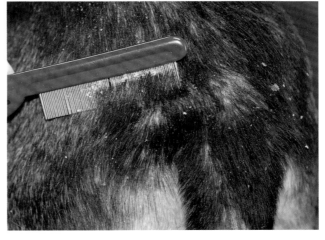

图 173.1　梳理被毛镜检

Ⅰ. 这是一种什么疾病? 仔细检查皮肤可以发现什么?

Ⅱ. 鉴别诊断有哪些, 应该进行哪些诊断测试来确认诊断?

Ⅲ. 氟喹诺酮类抗生素的作用机制是什么? 为什么这类药物不是该患犬适当的抗生素选择?

图 174.1　簇状被毛

病例 174: 回答　Ⅰ. 这是一例浅表细菌性毛囊炎。近距离观察皮肤可发现被毛基部有小的以毛囊为中心的丘疹或脓疱。这些丘疹 / 脓疱随后会发展, 围绕被毛基部形成表皮环。在短毛犬身上, 这些病变经常被误认为是荨麻疹 ("蜂巢样")。被毛直立由毛囊炎引起, 从远处看像 "蜂巢"。存在的结痂可以排除荨麻疹。

Ⅱ. 毛囊炎的主要鉴别诊断为蠕形螨病、皮肤癣菌病和脓皮病。这种表现在短毛犬中最常见的原因是细菌毛囊炎或脓皮病。应进行皮肤刮片以排除蠕形螨病, 进行压印涂片以寻找中性粒细胞和细菌, 以及对怀疑有感染的皮肤进行真菌培养。

Ⅲ. 氟喹诺酮类抗生素损害细菌拓扑异构酶, 特别是拓扑异构酶 Ⅱ (细菌 DNA 促旋酶) 和拓扑异构酶 Ⅳ。这些酶与细菌 DNA 复制有关, 抑制 DNA 促旋酶与抑制革兰氏阴性菌的活性有关, 而抑制拓扑异构酶 Ⅳ 则具有抑制革兰氏阳性菌的活性 (PalloZimmerman et al., 2010)。虽然这类抗生素被归类为广谱抗生素, 但它们历来被用于与革兰氏阴性菌相关的感染。目前用于动物医学的氟喹诺酮类药物包括环丙沙星、二氟沙星、恩诺沙星、马波沙星、奥比沙星和普多沙星。虽然新一代氟喹诺酮类药物对革兰氏阳性菌更有效, 但在治疗脓皮病时应避免使用, 除非确定该微生物具有耐药性, 并且细菌培养和药敏试验结果显示它们是可用药物的最安全选择, 因为人们越来越担心这类抗生素可能导致葡萄球菌对甲氧西林的耐药性。此外, 氟喹诺酮类抗生素不可用于本病例, 因为已知它们可引起幼犬的侵蚀性关节病。

病例 175　病例 176　病例 177

病例 175: 问题　一只 8 月龄幼猫两条后腿尾侧出现突起、坚硬、铅笔状的病变。主诉病变发展迅速, 但没有影响到幼猫的生活。皮肤科检查显示真皮浅表有坚硬的线状病变 (图 175.1)。皮肤活检显示嗜酸性肉芽肿性炎症和胶原变性。

Ⅰ. 诊断结果是什么? 同一综合征的其他临床表现是什么?

Ⅱ. 治疗方案有哪些?

病例 175: 回答　Ⅰ. 猫嗜酸性肉芽肿的典型表现。嗜酸性肉芽肿复合体病变, 其表现变化很大。其他表现包括下巴肿起 (肥胖下巴综合征)、下唇肿起 (撅嘴猫综合征)、口腔病变、皮肤结节、耳廓结节。

Ⅱ. 当不足 1 岁的猫发生病变时, 并不一定需要治疗, 因为它们可能在 3 ~ 5 个月后自行消退。如果不能自行消退, 可以每天口服糖皮质激素 [(甲基) 泼尼松龙], 直到病变改善, 然后逐渐减少剂量。在无法使用糖皮质激素的情况下, 使用环孢素治疗可能是有益的 (Vercelli et al., 2006)。

病例 176: 问题　因犬肘部头侧和大腿脱毛而就诊。主人固执地认为, 患犬没有瘙痒或啃咬的地方, 并坚持被毛一直掉落。选择对病变区域进行皮肤刮片、被毛镜检和压印涂片。皮肤刮片和被毛镜检显示没有显著异常, 压印涂片显示在多个部位有大量的生物体, 如图 176.1 所示。

该生物体是什么？从患犬的病变部位获得有什么意义？

病例 176：回答　西蒙斯氏菌。这是一个正常的口咽部细菌。这种生物从脱毛区获得表明该部位存在口咽污染。这意味着，即使主人没有看到他们的宠物表现出这些行为，患犬也在舔舐或啃咬病变部位，从而导致自损性脱毛。

病例 177：问题　一只 7 岁已绝育雌性家养短毛猫在过去 3 ~ 4 天内出现急性脱毛（图 177.1）。猫不瘙痒，皮肤也没有发炎的迹象。正常的抚摸可扯下大量的被毛。脱落被毛的镜检显示，它们都处于被毛周期的静止期。皮肤活检显示有大量被毛在生长期。就诊前两个月，这只猫在全身麻醉下接受了一次牙科手术。

Ⅰ. 诊断结果是什么？

Ⅱ. 如何治疗这种疾病？

病例 177：回答　Ⅰ. 这是一例静止期脱毛的病例。这是一种独特的综合征，严重的疾病、药物、高热、休克、手术、麻醉或其他应激事件导致被毛生长周期和同步的毛囊中断，随后 1 ~ 3 个月突然脱毛。生长期脱毛是类似的疾病，只是被毛脱落发生在应激事件后不久（数天至一周）。

Ⅱ. 这种情况不需要特殊治疗，如果刺激因素得到纠正，被毛应该在几个月内重新生长。

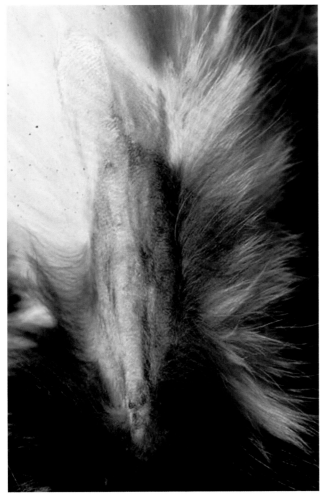

图 175.1　线性病变

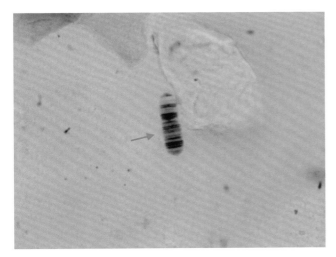

图 176.1　皮肤压印涂片镜检

图 177.1　脱毛外观

病例 178：问题　需要配置洗必泰溶液［240 mL（8 oz），0.05%］用于冲洗伤口。原溶液是 2%。

该溶液应如何配置？

病例 178：回答　首先，将两种浓度从百分比（%）转换为毫克每毫升（mg/mL）。可用：

$$2\% = 2\ g/100\ mL = 2000\ mg/100\ mL = 20\ mg/mL$$

$$需要：0.05\% = 0.05\ g/100\ mL = 50\ mg/100\ mL$$

$$= 0.5\ mg/mL$$

其次，计算 240 mL 溶液中需要多少毫克洗必泰。

$$0.5\ mg/mL \times 240\ mL = 120\ mg$$

再次，计算需要多少毫升 2% 洗必泰（20 mg/mL）。

$$120\ mg \div 20\ mg/mL = 6\ mL$$

最后，计算蒸馏水的加入量，得到 240 mL 0.05% 洗必泰溶液。

$$240\ mL - 6\ mL = 234\ mL\ 蒸馏水$$

因此，将 6 mL 的 2% 洗必泰溶液稀释到 234 mL 蒸馏水中，可得到 240 mL（8 oz）0.05% 洗必泰溶液。

病例 179：问题　一只 3 岁室内外饲养猫，因寻求其他诊断治疗意见而就诊。该猫的主人咨询过几位兽医，抱怨说该猫经常摇头和抓耳朵。以前的诊断包括耳拭子寻找螨虫（阴性）、耳碎屑的细胞学检查（未观察到细菌或酵母菌）、跳蚤梳梳理（阴性）和粪便漂浮（未见寄生虫）。主人实行间歇性的跳蚤控制。使用全身性糖皮质激素可以缓解症状，但停药几天后症状就会复发。这次该猫出现了严重的头部和颈部自我损伤。经检查，在猫的头部和颈部有严重的线性擦伤。经耳镜检查，耳道正常，无耳碎屑。耳拭子检查螨虫和微生物均为阴性。进一步的皮肤检查显示爪床和指间红斑。头部和指间区域的皮肤刮片显示如图 179.1 所示的生物体。

Ⅰ. 该患猫的诊断和治疗方案是什么？

Ⅱ. 这种螨的识别特征是什么？

Ⅲ. 这种寄生虫的生命周期是怎样的？

病例 179：回答　Ⅰ. 该生物是耳螨。虽然常与耳部疾病有关，但螨虫可引起异位症状，类似于其他瘙痒症状，如跳蚤过敏、皮肤有食物不良反应或特应性皮炎。鉴于该患猫的疾病表现，最好采用全身性杀螨治疗。可用的治疗方案包括外用塞拉菌素（吡虫啉/莫西克丁联合产品）、外用非泼罗尼、可注射伊维菌素或多拉菌素，以及批准用于猫的较新的异恶唑啉产品（氟罗拉纳、塞拉菌素/沙罗拉纳）（Becskei et al., 2017；Taenzler et al., 2017）。推荐短期使用全身性糖皮质激素（口服泼尼松龙或甲泼尼龙 0.5 ～ 1 mg/kg），以缓解该患猫强烈的瘙痒，同时对螨虫进行特异性治疗（Becskei et al., 2017；Taenzler et al., 2017）。

Ⅱ. 因为它的大小和短且无节的带吸盘的蒂，螨虫通常很容易识别（Becskei et al., 2017；Taenzler et al., 2017）。成虫形态呈性别二型性。在雄螨中，可以看到 4 对延伸到身体外的腿，并且都有蒂和吸盘。同时，在雌螨中，第四对（后组）腿退化，只有前 2 对腿有蒂和吸盘。

Ⅲ. 与影响犬猫的其他螨虫相比，耳螨的生活周期略独特。耳螨生活在皮肤表面，以细胞碎片和组织液为食。其生命周期大约为 3 周，成年螨存活时间大

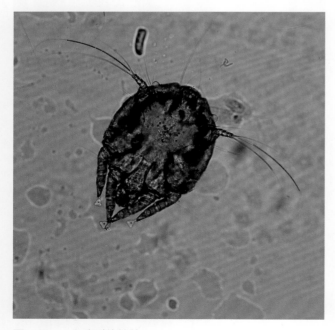

图 179.1　皮肤刮片镜检

约为 2 个月。螨可以离开宿主存活 1 ~ 2 周，存活时间取决于环境温度和相对湿度。雌虫产卵，孵化出 6 条腿的幼虫，发育成 8 条腿的若虫，然后蜕皮成为第二期若虫。雄螨靠近第二期若虫，二者连接在一起。如果第二期若虫为雌性，则会立即交配产卵。

病例 180：问题　图 180.1 所示是什么操作？

病例 180：回答　此操作为皮肤压印涂片。轻轻地将目标皮肤区域向载玻片抬高以加强样本采集，然后将玻璃显微镜载玻片压在患处。为了获得渗出液的样本，直接在目标区域施加压力是非常重要的。使用食指或拇指的指端压力很容易做到这一点，尽量避免

图 180.1　皮肤采样

在压印涂片期间弄碎载玻片。如果在未染色的载玻片上有细胞碎片的印记，则表明施加了足够的压力。这些样本不需要热固定，热固定可能破坏细胞结构。样本采集后，载玻片简单地用罗曼诺夫斯基染色变体（即 Diff-Quik）染色。

病例 181

病例 181：问题　一只 3 岁猫因出现一个独立的皮肤病变而就诊，该病变已经存在了几个月（图 181.1、图 181.2）。除了此处病变，该猫其他方面都很健康。病变隆起，进行细针抽吸检查（图 181.3）。

Ⅰ. 诊断结果是什么？
Ⅱ. 该猫的预后如何？

病例 181：回答　Ⅰ. 细针抽吸显示几个肥大细胞和大量红细胞。这一发现与皮肤肥大细胞瘤一致。

Ⅱ. 在手术切除或冷冻治疗后，单个病灶的猫预后良好。猫绝大多数皮肤肥大细胞瘤为良性，不同于犬的肥大细胞瘤。此外，与犬不同的是，不能根据组

图 181.1　就诊猫正面照

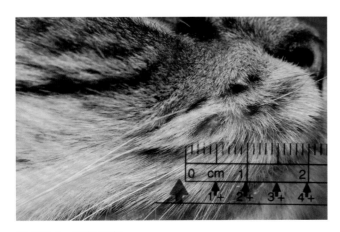

图 181.2　面部病变

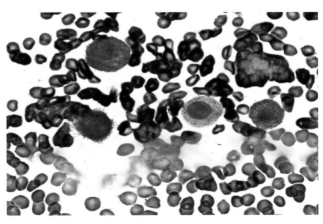

图 181.3　病变细胞学检查

织学类型预测恶性程度。在手术干预前进行分期的重要性也不如犬，但至少应该对猫进行血液淡黄层评估。这样做的理由是，猫的皮肤肥大细胞瘤可以代表该病内脏形式的转移病灶，其预后较差。手术切除后，猫应监测复发和（或）新病变的发展。猫皮肤肥大细胞瘤往往发生在年轻猫的头部和老年猫的躯干。与单发肿瘤相比，全身广泛分布的多发性肿瘤更有可能与恶性生物学行为相关［即扩散到其他部位和（或）器官］（Melville et al.，2015）。

病例 182

病例 182：问题　一只 5 岁已绝育雌性美国斯塔福狸犬最近出现中度瘙痒症。主诉该犬舔舔和抓挠的行为增加，特别是腹部、后肢内侧和侧腹部。去年也发生过类似情况，但程度较轻。在体检时，注意到腹部病变（图 182.1）。患犬未发现其他病变。

　Ⅰ. 请描述患犬身上的病变。

　Ⅱ. 在犬中这是一种常见的皮肤病表现。这些病变与什么病程是一致的，以及应该进行哪些初步诊断？

　Ⅲ. 其中一个病变的细胞学检查如图 182.2 所示。该患犬的诊断是什么？

　Ⅳ. 该患犬的病情仅限于腹部，考虑到耐药性感染的担忧，建议进行局部治疗。产品应含有哪些活性成分？应向主人提供哪些治疗建议？

病例 182：回答　Ⅰ. 腹部有多个丘疹、脓疱、结痂和表皮环。

　Ⅱ. 这些发现伴有斑块及虫蛀样脱毛，是常见的临床病变，提示存在毛囊炎。犬毛囊炎的常见原因包括蠕形螨病、浅表细菌性毛囊炎和皮肤癣菌病。出现这种症状的患犬，最初的诊断应包括皮肤刮片、皮肤细胞学检查和被毛镜检。如果在最初的样本中没有发现螨虫和细菌，或者如果高度怀疑皮肤癣菌病，应进行真菌培养。

　Ⅲ. 图示为中性粒细胞炎症伴球菌。这些细胞学表现与浅表细菌性毛囊炎一致。

　Ⅳ. 迄今为止，在动物医学中，有明确证据表明洗必泰是局部治疗脓皮病的有效药物。症状较轻的病例，含有过氧化苯甲酰的产品也有效。在任何配方中，这 2 种活性成分的理想浓度应该为 2% ~ 3%（或更高，为 4%）。其他推荐但疗效数据较少的药物有乳酸乙酯、乙酸 / 硼酸组合、夫西地酸、次氯酸、次氯酸钠、乳链菌肽和银化合物。这些成分存在于各种配方中，如浴液、乳液、喷雾剂、湿巾和摩丝。目前已记载多种治疗方案，其共同的特点是当局部治疗作为唯一的治疗方法时，需要更频繁地使用。最近的一项研究表明，使用洗必泰浴液和喷雾剂联合治疗浅表性脓皮病的效果与全身使用阿莫西林 – 克拉维酸钾相同（Borio et al.，2015）。在这项研究中，患犬每周洗 2 次药浴，不洗澡时每天喷一次洗必泰喷剂。无论如何，任何有效的治疗方法，都需要主人有能力并愿意治疗他们的宠物，他们在治疗方案选择上有发言权，能增加治疗的成功率。在证实有更优的治疗方法之前，浅表细菌性毛囊炎的治疗指南是在临床症状消退后继续治疗 7 天（Hillier et al.，2014）。

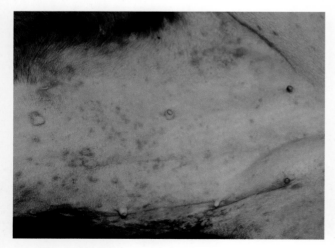

图 182.1　腹部丘疹

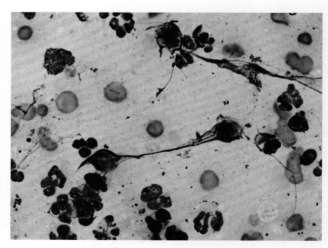

图 182.2　细胞学检查

病例 183：问题　一只 3 岁已绝育雌性澳大利亚牧羊犬出现急性严重全身瘙痒。检查可见耳廓少毛症，耳廓外缘有表皮剥落和鳞屑（图 183.1、图 183.2）。腹部亦有红斑，可见散在丘疹（图 183.3）。患犬耳足反射阳性。主人注意到，该犬大约 50% 的时间在户外，最近他们在这一带看到过狐狸。患犬每月接受外用非泼罗尼和口服伊维菌素预防跳蚤和心丝虫感染。皮肤刮片未见螨虫。

Ⅰ．基于你的怀疑，你认为该患犬患有什么疾病？

Ⅱ．你对犬的品种有什么担心？治疗方案是什么？

Ⅲ．对于这种疾病，有哪些新的诊断测试可用？测试的局限性是什么？

图 183.1　耳廓脱毛

病例 183：回答　Ⅰ．疥螨。

Ⅱ．澳大利亚牧羊犬是 MDR-1 基因过度突变的品种之一，这种突变在牧羊犬品种中很常见。有这种变异的犬会损害 p- 糖蛋白的功能，当使用过量的阿维菌素治疗时，会导致严重的神经毒性。这类药物通过增强 γ- 氨基丁酸门控氯通道起作用，从而抑制神经活动。γ- 氨基丁酸门控氯通道存在于节肢动物和线虫的外周神经系统中，在哺乳动物体内存在于中枢神经系统中。p- 糖蛋白是血脑屏障的主要组成部分，通过将药物泵出中枢神经系统保护哺乳动物免受毒性。由于这一事实及该患犬的 MDR-1 状态未知，治疗时应避免使用伊维菌素和多拉菌素，因为杀疥螨的剂量远远高于用于预防心丝虫的剂量（导致 MDR-1 突变患病动物的毒性潜在增加）。考虑到广泛的治疗选择，可以为这些品种找到一个有效的治疗方法。石硫合剂

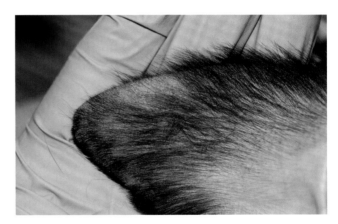

图 183.2　耳廓脱毛近照

药浴是一个安全、有效的选择，对于本病例或任何患有疥螨的动物，可以舒缓瘙痒。该患犬的其他治疗选择包括双甲脒浸液每 2 周 3 次；塞拉菌素 6 ~ 12 mg/kg 局部应用，每 2 周 3 次；局部使用莫西替丁 / 吡虫啉复合产品（AdvantageMulti 或 Advocate），每 2 周 1 次，使用 3 次；非泼罗尼泵式喷雾剂 3 mL/kg，每隔 2 周喷 3 次；或者一种新的异恶唑啉抗寄生虫药，标准的跳蚤预防剂量（阿福拉纳、氟雷拉纳、洛替拉纳和沙罗拉纳）（Becskei et al.，2016）。

图 183.3　腹部红斑、丘疹

Ⅲ．近年来，用于犬疥螨血清学诊断的体外血清抗体 ELISA 试验已上市。该测试已经在几个不同的研究中进行了评估。研究的结果显示特异性为 89.5% ~ 93%，敏感性为 84.2% ~ 94%，该测试是有用的，但当特应性皮炎是一种潜在疾病时，对尘螨抗原过敏的犬，由于测试的交叉反应性，阳性结果几乎没有临床价值（Buckley et al.，2012；Lower et al.，2001）。

图 184.1　鼻部色素减退

病例 184：问题　一只金毛寻回猎犬因鼻部颜色发生变化而就诊（图 184.1）。几个月前犬的鼻子和皮肤都很正常。当时，注意到有一小块色素脱失区域，并发展为所描述的病变。检查未见其他异常。

该患犬患有什么疾病？

病例 184：回答　特发性鼻脱色。该疾病中，犬出生时鼻平面有色素，后来脱色了。这种情况可能时好时坏，但只有鼻子受到影响，鼻镜结构没有改变（即保持"鹅卵石"样外观）。在诊所中所见该疾病的其他变体包括常提到的"雪鼻"和"杜德利鼻"。雪鼻是一种季节性的鼻色素沉着减少，通常发生于北极品种和寻回猎犬中。有杜德利鼻的犬没有鼻色素，一般从出生就会受到影响。这些病例都是只影响美观，不需要进一步的检查或治疗。这种情况的主要鉴别诊断是白癜风。白癜风是一种罕见的获得性疾病，与黑色素细胞破坏有关，同时影响多个部位，而不仅仅是鼻镜。

病例 185　病例 186

病例 185：问题　一只成年中国沙皮犬出现水疱。腋窝区域可见大量 0.5 ~ 1 cm 的小泡（图 185.1）。囊泡摸起来坚硬，内容物是透明的黏性渗出物（图 185.2）。

Ⅰ. 这是该品种常见的皮肤病。它是什么？

Ⅱ. 如何诊断和管理？

Ⅲ. 病因是什么？

病例 185：回答　Ⅰ. 虽然这类似于自身免疫性水疱病，但它实际上是皮肤黏蛋白沉积症。中国沙皮犬有过量的真皮黏蛋白，这使它们具有典型的皱褶外观。囊泡中含有真皮黏蛋白，这些黏蛋白从真皮中渗出，穿过基膜进入表皮，形成角质下囊泡。通常发生在摩擦区域。

Ⅱ. 该疾病需要根据临床症状诊断，以及皱褶有大量含有黏蛋白的水疱这一独特临床表现确诊。诊断皮肤黏蛋白沉积症最简单的方法是用无菌针轻轻刺穿其中一个小疱并挤出内容物。如图 185.1、图 185.2 所示，黏蛋白较厚，透明，呈丝状。此病也可以通过活检确诊，组织病理学显示皮肤黏液过多，没有其他异常。这是一种只

图 185.1　腋窝可见大量水疱

图 185.2　水疱内透明渗出物

影响美观的疾病，不需要治疗。在某些情况下，病变
会变得很大并且下垂，特别是当累及跗关节时。犬的
皱褶越多，水疱就可能越大。口服泼尼松（2 mg/kg）
7 ~ 10 天，30 ~ 45 天时逐渐减少剂量，将减少黏蛋
白的产生。这不仅发生在局部，也可累及全身。因此，
犬的皱褶也会减少。主人们经常把这称为"泄气"的
中国沙皮犬。

Ⅲ.中国沙皮犬原发性皮肤黏蛋白沉积症是真皮
内大量透明质酸积累的结果。研究表明，这种透明质
酸产生的增加很可能是真皮成纤维细胞中透明质酸合
酶 -2 的调节突变的结果（Zanna et al.，2009）。

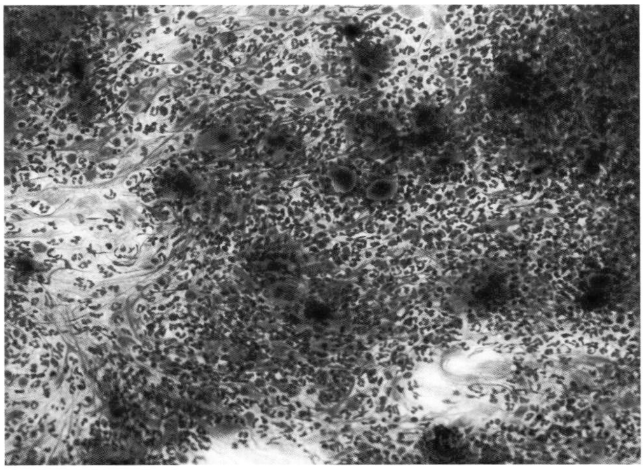

图 186.1　脓疱细胞学检查

病例 186：问题　　一只 6 岁已绝育雌性腊肠犬，
主诉 1 周前出现厌食、嗜睡，背部和腹部躯干有结痂。近距离观察皮肤，发现沿胸背区域有大的黄色到金色的结
痂。在腹部腹侧也可见硬痂和大量完整的脓疱。图 186.1 为破裂的完整脓疱的细胞学检查图像。

Ⅰ.图像中可见什么？

Ⅱ.根据已有的信息，主要鉴别诊断是什么？什么感染情况可能导致相似的细胞学结果？

Ⅲ.应该向主人提出什么建议来证实你的临床怀疑？

Ⅳ.犬的哪些标志性身体部位受到影响会引起你的怀疑？

病例 186：回答　　Ⅰ.图像显示以中性粒细胞为主的炎症，并存在棘层松解细胞，没有明显的感染病原。

Ⅱ.如果犬表现出全身性临床症状和细胞学上无菌的脓疱，内含棘层松解细胞，则提示落叶型天疱疮。假中
间型葡萄球菌和皮肤癣菌病（特别是须毛癣菌）都能导致棘层松解细胞的形成。

Ⅲ.此时，应收集一个或多个完整脓疱的活检并提交组织病理学检查。此外，应从完整的脓疱中采集样本，
并提交细菌和真菌培养，以验证病变是否无菌。如果培养结果阴性，则具有棘层松解细胞形成的角质内脓疱，可
确诊为落叶型天疱疮。

Ⅳ.在犬上，对称病变影响到"3P's"应引起临床医生怀疑落叶型天疱疮。3P 分别是鼻平面、耳廓（特别是
无毛的凹面）和爪垫。并不是所有病例这 3 个部位都存在病变，但如果在这些部位发现脓疱或结痂，鉴别诊断则
应考虑落叶型天疱疮。

病例 187　病例 188

病例 187：问题　　图 187.1 展示了目前可用的 4 种 Zoetis's 的新产品 cytopoint（赛妥敏）。

Ⅰ.该产品是什么，和药品相比它是如何分类的？

Ⅱ.该产品的标签剂量是多少？

Ⅲ.该产品的标签适应证是什么？

Ⅳ.该产品是如何代谢和排泄的？

病例 187：回答　　Ⅰ.cytopoint（赛脱敏）是一种
犬化的抗白细胞介素 -31(IL-31）单克隆抗体（mAb）。
单克隆抗体被归类为生物制品，与传统药物治疗不同
（即药物的使用）。

Ⅱ.在美国，赛脱敏的标签剂量为 2 mg/kg，根据

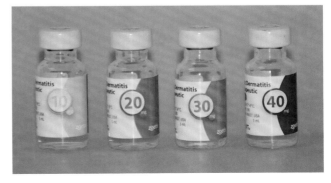

图 187.1　不同规格赛妥敏

需要每 4 ~ 8 周皮下注射一次。在欧盟和其他地方，该产品的标签剂量是每月 1 mg/kg。

Ⅲ.在美国，赛脱敏的标签适应证是犬的过敏性皮炎和特应性皮炎（已证明洛基单克隆抗体对此类疾病有效），而在其他地区，它的标签适应证是用于控制犬特应性皮炎的临床表现。

Ⅳ.单克隆抗体和普通药剂的代谢和排泄不同。单克隆抗体通过溶酶体内的细胞分解代谢而被消除，在溶酶体内单克隆抗体被分解为多肽或氨基酸，这些多肽或氨基酸可循环用于蛋白质合成或由肾脏排出。

图 188.1　因舔舐、啃咬而脱毛的腹部

病例 188：问题　一只 3 岁家养短毛猫因心因性脱毛而就诊。主诉该猫梳理自己被毛的时候会过度舔舐、啃咬自己的腹部（图 188.1）。该猫饲养在室内。之前的皮肤刮片、皮肤真菌培养、皮肤活检、食物排除试验和血液过敏试验均为阴性或正常。唯一的异常是全血细胞计数显示轻度嗜酸性粒细胞增多。使用糖皮质激素未能控制猫的瘙痒表现。使用 #10 手术刀刀片对腹部腹侧进行大范围浅表皮肤刮片。镜检发现如图 188.2 所示的微生物。

Ⅰ.该微生物是什么？如何治疗？

Ⅱ.这和心因性脱毛有什么关系？

Ⅲ.还有哪些其他的诊断试验可以用来诊断猫的体外寄生虫？

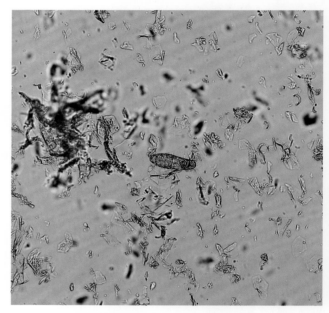

图 188.2　腹部刮片镜检

病例 188：回答　Ⅰ.戈托伊蠕形螨。这是最常见的猫科动物蠕形螨病，它的发生也表现出一定的地域差异。与蠕形螨的其他变种相比，该螨的独特之处在于：①具有传染性；②在没有继发感染的情况下引起瘙痒；③存在于浅表部位，不影响毛囊；④标准治疗建议不同于其他蠕形螨病。此时的首选处理是使用 2% 石硫合剂药浴，每周 1 次。在确诊戈托伊蠕形螨感染的情况下，受感染的猫和所有与之接触的猫应每周接受治疗，并至少持续 6 周。在疑似感染的情况下，患猫应每周进行治疗，持续 3 周，如果观察到症状改善，那么治疗还需要持续 3 周，与之直接接触的猫应当按照前面所述方式进行治疗（Beale，2012）。报道的其他治疗方法包括口服伊维菌素 0.2 ~ 0.3 mg/kg，每天／间隔 1 天；外用双甲脒和外用莫西克丁（Short and Gram，2016）。据报道，每月预防性剂量使用异恶唑啉也有效。目前，石硫合剂治疗效果似乎最好，然而，所有的治疗方法都可能会失败。

Ⅱ.由戈托伊蠕形螨引起的猫蠕形螨病是猫瘙痒的原因之一。与过度舔舐相关的猫皮肤病的鉴别诊断，如特应性皮炎、食物过敏、猫疥螨、FAD 和接触性皮炎，都应该考虑。重要的是要记住，戈托伊蠕形螨只存在于表面，因此，在过度舔舐时很容易被清除，很难被发现。心因性脱毛是一个术语，用来描述自我损伤导致的脱毛，是发生于猫上的强迫性行为或行为障碍。戈托伊蠕形螨和心因性脱毛的模式相似，影响腹部、侧腹、股内侧和前肢。心因性脱毛是一种排除性诊断，只有在原发性皮肤病和其他疾病（膀胱炎、尿路感染、关节炎等）被彻底排除后才能做出诊断。这种排除过程需要进行全面的医学检查，费用昂贵，可能因主人的经济情况而无法进行。缺乏全面的医学检查可能导致许多病例被推测为心因性脱毛，而不是确定性诊断。值得注意的是，心因性脱毛明显被过度诊断，任何此类诊断都应该受到质疑（Waisglass et al.，2006）。

Ⅲ.很难通过皮肤刮片发现戈托伊蠕形螨。进行刮片检查时，应对较大面积的浅表区域，包括非脱毛和动物难以梳理的区域进行刮片。由于猫喜爱理毛，作者发现粪便漂浮试验是一种可靠的方法，在刮片未见螨虫的疑似病例中，可见粪便漂浮阳性结果。此外，一些作者建议同住的其他家猫进行皮肤刮片，虽然它们可能看起来正常，但如果采样数量大，则这些动物上也可发现螨虫。无论如何，就像犬疥螨的情况一样，当怀疑戈托伊蠕形螨时，即使没有观察到螨虫，患猫也应该接受治疗。

病例 189　病例 190

病例 189：问题　一个长期客户来到诊所，带了一个小容器，里面装满了从他的犬背部找到的鳞屑和皮肤碎屑。犬主人注意到，过去几周，犬背部的皮肤碎屑明显增多。你同意在显微镜下观察这些样本，在皮肤碎屑中发现了如图 189.1 所示的生物。

　　Ⅰ.这是什么病原？它如何与其他引起犬和猫疾病的螨虫区分？

　　Ⅱ.这种寄生虫会在犬和猫身上引起什么临床症状？

病例 189：回答　Ⅰ.这是一种姬螯螨，通常被称为行走的皮屑。有助于识别姬螯螨的诊断特征是个头大和附属口器（触须）终止于钩（"维京头盔"外观）。耳螨在样本中个头较大，且持续运动。它们最可能出现在耳道内或耳部附近。它们的肛门在末端，有四足延伸到体壁外，但雌螨的第四对足短小且无关节茎，雄螨四足上均有吸盘，雌螨的前两对足上有吸盘。疥螨和背肛螨很难区分。二者都很小（200 ~ 400 μm），呈椭圆形。疥螨前两对足较短，有长的关节茎，并有吸盘。背肛螨关节茎中等长度，足有长刚毛。疥螨肛门位于末端，而背肛螨肛门则位于背侧。

Ⅱ.临床症状变化很大，从无症状到剧烈瘙痒性皮炎不等。在犬中，最初的病变是过度鳞屑，背侧更明显。伴慢性和螨虫数量增加，可见全身红斑和外伤性脱毛。据报道，猫的临床症状也有所不同，表现为从无症状到过度脱毛或粟粒性皮炎。

图 189.1　皮肤碎屑镜检

病例 190：问题　一只 3 岁已去势雄性黑色拉布拉多寻回猎犬，有近 1.5 年慢性非季节性瘙痒史。主诉疾病正在恶化，但仍然主要局限在爪子上。据报道，患犬有中度瘙痒，长时间舔舐和啃咬爪部。四足均有唾液染色和中度指间红斑伴轻度甲沟炎。

　　Ⅰ.图 190.1 为醋酸胶带粘贴的显微镜图像。这些生物是什么？

　　Ⅱ.关于治疗建议，哪些药物被证明是有效的？

病例 190：回答　Ⅰ.马拉色菌，最有可能是厚皮马拉色菌。呈深棕色至黑色球状至椭圆形的物质为黑色素颗粒。

Ⅱ.许多研究已评估犬马拉色菌皮炎的各种治疗方法。有强有力的证据支持使用含有 2% 咪康唑和 2% 洗必泰的外用产品最有效（Mueller et al.，2012b）。有越来越多的证据表明，浓度超过 3% 洗必泰、洗必泰与氯米巴唑合剂、含 2% 氯米巴唑的产品，以及恩康

图 190.1　病变镜检

唑产品也都有效。在外用治疗不切实际或不可能的情况下，有充分的证据表明可以全身使用酮康唑和伊曲康唑（Negre et al.，2009）。目前，使用氟康唑和特比萘芬的病例越来越多，但这些药物需要进一步地对照研究来验证其治疗作用。

病例 191　病例 192

　　病例 191：问题　一只 10 月龄已绝育雌性大麦町犬，腿部、面部和侧胸出现脱毛和褥疮，图 191.1、图 191.2 所示的病变是犬身上其他病变的特征。患犬主要生活在户外，犬在地上挖了多个洞后不久就出现了症状。患犬清醒、警觉、反应灵敏，无系统性疾病症状。此时患犬没有表现出瘙痒。

　　Ⅰ.鉴别诊断是什么？

　　Ⅱ.最初的诊断测试（皮肤刮片和细胞学检查）未能诊断疾病，主人拒绝治疗，想等待进一步诊断的结果。进一步检查后制备的细胞学结果如图 191.3 所示。诊断结果是什么？患犬是如何患上该疾病的？

　　Ⅲ.对于这种疾病，可以推荐哪些系统治疗方案？

　　病例 191：回答　Ⅰ.考虑到患犬的年龄，蠕形螨病、皮肤癣菌病和细菌性脓皮病伴有或不伴有继发性马拉色菌过度生长是最有可能的鉴别诊断。

　　Ⅱ.由石膏样小孢子菌引起的皮肤癣菌病。大量的纺锤形或舟形的大分生孢子有薄壁、圆的末端和多达 6 个分隔。这些都是石膏样小孢子菌的特征。在与犬小孢子菌进行区分时，薄壁和缺乏末端旋钮是最有帮助的特点。石膏样小孢子菌是一种亲地性皮肤真菌物种，栖息在土壤中，在世界各地都能找到。可能是在地上挖洞时感染的。

　　Ⅲ.目前，最近发表的一份治疗犬猫皮肤癣菌病的共识指南认为伊曲康唑和特比萘芬是治疗该疾病最安全、最有效的全身用药治疗方法。氟康唑和酮康唑也可用，但现有数据表明，它们的效果较差，而且酮

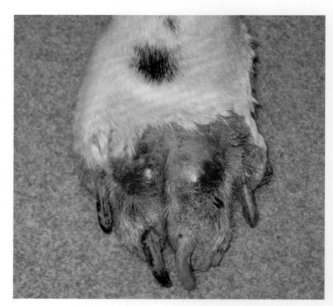

图 191.1　爪部病变

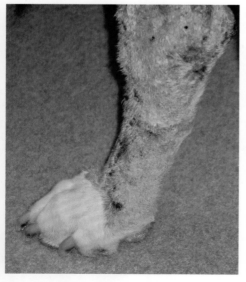

图 191.2　腿部病变

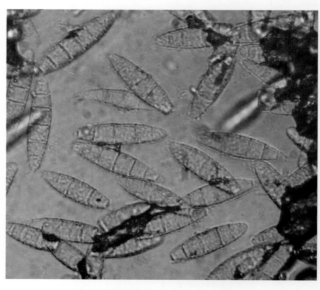

图 191.3　皮肤细胞学检查

康唑在使用过程中有更多潜在的不良反应。尽管灰黄霉素是有效的，但因其不良反应及更新、更安全药物选择的出现，使其成为历史用药。当然如果在某些地区只有该药物可以使用，则可用于治疗该疾病。氯芬奴隆是一种几丁质合成抑制剂，不能治疗和预防皮肤癣菌病，不应该推荐。

病例 192：问题　从皮肤上拔下一组被毛，将它们放入矿物油中，并用盖玻片盖住样本，就可以制备出被毛样本。在显微镜下用 4 倍或 10 倍物镜观察被毛。哪些影响被毛或毛囊的疾病可以通过被毛镜检提供诊断信息？

病例 192：回答　皮肤癣菌病（真菌菌丝或毛发外癣菌孢子的存在）、自损／物理性脱毛（断发但被毛本身正常）、蠕形螨病（螨虫的所有生命阶段）、虱子（幼虱）、姬螯螨（卵）、静止期或生长期脱毛（主要在同一时期的被毛）、皮脂腺炎（毛囊管型）、色素稀释性脱毛（黑素体聚集和毛干扭曲）、营养失调（被毛畸形／变形）、斑秃。

病例 193

病例 193：问题　一只 2 岁已绝育雌性巨型雪纳瑞犬，因腿内侧出现皮疹就诊。体格检查发现左侧腹股沟区病变如图 193.1 所示。

　　Ⅰ.描述该病临床表现。

　　Ⅱ.你还有什么问题要问主人？

病例 193：回答　Ⅰ.周围有多处粟粒疹和向内生长的被毛，以及一些丘疹／脓疱和小的粉刺。此外，皮肤出现萎缩，表现为皮肤变薄、起纹或起皱。粟粒疹是出现在皮肤下的角质填充的薄壁囊肿，通常被误认为白头或脓疱。

　　Ⅱ.当观察到类似的皮肤病变时，应询问主人是否在该部位使用任何外用产品。这些皮肤病变在激素过量的犬中很常见，可能是内源性过量或外源性应用／给药的结果。在进一步询问该病例时，主诉他们在该区域涂抹了一种外用药膏（含有倍他米松），这是医生为他们开具的处方药。

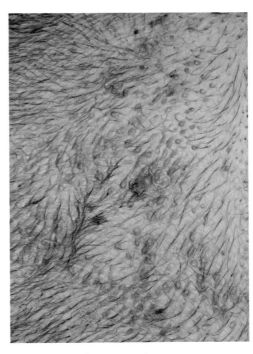

图 193.1　皮肤红斑、丘疹

病例 194

病例 194：问题　一只拉布拉多寻回猎犬幼犬出现急性面部肿胀、结痂和侵蚀性渗出性病变，影响耳部（图 194.1 ～图 194.3）。主人注意到，自一周前首次观察到病变以来，患犬无瘙痒，并已出现渐进性嗜睡和食欲下降。体格检查时，患犬发热，下颌下淋巴结和肩前淋巴结明显肿大（图 194.4）。图 194.5 为从唇侧口吻部一个完整脓疱中提取的具有代表性的细胞学显微镜图像。

　　Ⅰ.这是哪种疾病的典型表现？

　　Ⅱ.该疾病的治疗选择是什么？

　　Ⅲ.这种疾病不常见的表现是什么？

病例 194：回答　Ⅰ.幼犬蜂窝织炎或幼犬腺疫。这是一种罕见的无菌脓疱性肉芽肿性皮肤病，可累及幼犬的面部、耳廓和淋巴结。这种疾病的根本原因尚不清楚，但确认是免疫功能障碍的结果。这种疾病通常发生在 4 ~ 6 月龄之前，虽然无品种偏好，但金毛寻回猎犬、腊肠犬和戈登塞特犬都有好发倾向。完整的脓疱、大疱或结节的细胞学样本主要包含中性粒细胞和活化的巨噬细胞的混合物，没有感染原。从陈旧破裂的病灶中获得的样本更可能包含炎症细胞的混合物，其中可能包括嗜酸性粒细胞和淋巴细胞，但完整病灶中不存在细菌。原发性鉴别诊断包括深部脓皮病、蠕形螨病和药物不良反应。虽然对于诊断没有必要，但如果进行皮肤活检，则皮肤活检结果与肉芽肿性脂膜炎一致。

Ⅱ.全身性糖皮质激素是治疗这种疾病的首选治疗方法。需要早期和积极地治疗，以防止严重的瘢痕

图 194.1　面部病变正面照

图 194.2　面部病变侧面照

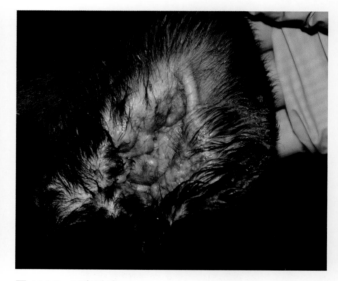

图 194.3　耳部病变

图 194.4　肩前淋巴结肿大

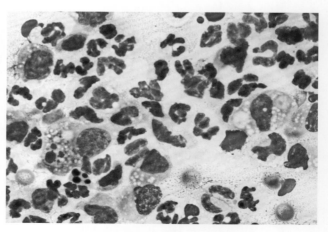

图 194.5　口吻部脓疱细胞学检查

或死亡。口服泼尼松或甲泼尼龙（2 mg/kg，PO，q24 h），直到病变消退，然后逐渐减少药物剂量，并根据动物对于减量的反应进行调整。如果糖皮质激素停药太快，就会复发。使用温热的抗菌溶液局部擦拭可清除碎屑和渗出物。如果存在继发性细菌感染，也可能需要使用全身性抗生素。对于难治性病例，或对全身性糖皮质激素发生不良反应的病例，可使用环孢素进行治疗。

　　Ⅲ. 该病可发生在年龄较大的犬中（>6 月龄），表现为眼周肉芽肿性皮炎。此外，幼犬可能表现为耳廓水肿、单纯结节性脂膜炎或伴有典型病变。在极少数情况下，犬也可能表现出跛行、瘫痪或神经系统症状（Park et al.，2010）。

病例 195　病例 196

　　病例 195：问题　一只 9 月龄已绝育雌性拉布拉多寻回猎犬因持续瘙痒而被转诊。主人实行跳蚤控制，家里的其他犬是正常的。犬同家里的小孩睡在一起，但孩子们都没有皮肤病灶。用塞拉菌素局部治疗犬疥螨（每 2 周 1 次，连用 3 次）。口服适当剂量抗生素（头孢氨苄）和酮康唑，治疗 4 周，瘙痒无改善。皮肤刮片、跳蚤梳和皮肤真菌培养均为阴性。唯一获得的其他病史信息是，主诉即使每天只喂 1 次，犬每天也会排便 3 ~ 4 次。粪便的稠度有硬有软。皮肤科检查发现，犬牙齿和齿龈之间有被毛，被毛普遍变薄，轻度油腻。

　　Ⅰ. 先前的诊断已经排除了哪些鉴别诊断？

　　Ⅱ. 此时最有可能的鉴别诊断是什么？应该进行哪些诊断测试？

　　Ⅲ. 肠道寄生虫与皮肤有食物不良反应之间的关系是什么？

　　病例 195：回答　Ⅰ. 由于皮肤刮片未见蠕形螨，因此，蠕形螨病的可能性不大。塞拉菌素局部治疗有助于排除虱子、疥螨和姬螯螨。另外，这些是高传染性的螨虫，家里的另一只犬是正常的，与这只犬接触的人没有不明原因的皮疹。真菌培养阴性和 4 周的抗微生物药物治疗也使感染的可能性降低。此外，临床病变的分布和跳蚤预防措施的常规使用使跳蚤或虱子感染的可能性降低。

　　Ⅱ. 最有可能的鉴别诊断是皮肤有食物不良反应和（或）特应性皮炎。鉴于非季节性和发病年龄较小，应首先怀疑皮肤有食物不良反应，尽管病史不能排除特应性皮炎。频繁地排便可能与皮肤病有关，因为一些食物过敏的犬同时有胃肠道问题。此时，最合理的诊断测试是进行食物排除试验。在本试验中，患犬应单独饲喂处方限定成分饮食或水解蛋白饮食 8 周。最近的一篇综述调查了食物排除试验的结果，得出结论，超过 90% 的皮肤有食物不良反应患犬 8 周临床症状改善或缓解（Olivry et al.，2015）。虽然家庭烹饪的排除性饮食是理想的，但应避免用于幼龄犬，除非食物营养非常均衡。如果食物排除试验未能提供任何或有限的临床效益，应评估特应性皮炎的可能性并进行过敏测试。该犬被诊断为食物过敏，在喂食水解蛋白饮食后，再用旧饮食激发的 48 小时内出现了临床症状（瘙痒），然后喂食水解蛋白饮食后再次缓解。

　　Ⅲ. 肠黏膜是一种保护屏障，它不允许抗原进入体内。有人提出，犬对各种食物抗原敏感的机制之一是通过受损的黏膜屏障。肠道寄生虫（蛔虫、钩虫、贾第鞭毛虫等）破坏黏膜屏障，使抗原进入黏膜下层，导致过敏。此外，肠道病毒性疾病也可能在诱发动物食物过敏方面发挥类似的作用。

　　病例 196：问题　犬右前肢远端有结节状肿胀。主诉肿物在过去的 2 个月内逐渐扩大，并在上周观察到有带血的液体渗出物，作为初步诊断，选择对肿物进行细针抽吸，其结果如图 196.1 所示。

　　绿色箭头所指是什么？

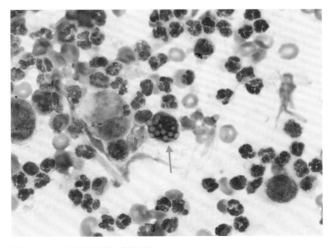

图 196.1　肿物细胞学检查

病例 196：回答　这是活化的浆细胞，通常被称为莫特细胞。这些细胞的特征是在细胞质内聚集大而苍白的液泡。这些液泡称为拉塞尔小体，是免疫球蛋白的分泌物。没有经验的检查人员可能会将这些液泡误认为真菌孢子或细胞内寄生虫。以慢性炎症为特征的多种情况都可以见到莫特细胞。如果莫特细胞溶解，也可以在细胞外观察到拉塞尔小体，如图中突出细胞右侧的游离液泡所示。

病例 197　病例 198

图 197.1　面部正面照

病例 197：问题　一只 10 岁已绝育雌性家养短毛猫，右耳使用耳药 1 小时后出现面部变化（图 197.1）。

　Ⅰ. 你对面部变化的诊断是什么？这种综合征在犬和猫上的典型临床症状是什么？

　Ⅱ. 该综合征如何分类？

　Ⅲ. 已经提出哪些药理学试验帮助定位病变？

病例 197：回答　Ⅰ. 霍纳氏综合征。这种疾病是眼部 / 面部交感神经支配丧失的结果，可以看作是中耳炎 / 内耳炎；颅骨、颈椎或胸部创伤；胸部肿瘤；中枢神经系统炎症或瘤变；臂神经丛损伤和球后肿瘤的结果（Simpson et al.，2015）。此综合征以 4 个临床症状为特征，包括瞳孔缩小、上眼睑下垂、眼球内陷或内缩、第三眼睑突出。在包括人类在内的其他物种中，第五个临床症状为面部无汗症（很少或不出汗）。

　Ⅱ. 霍纳氏综合征是根据病变沿交感神经束发生的部位进行分类的。因此，神经解剖学上的病变可分为中枢、节前或节后。节前神经纤维从 T1-T3 脊髓延伸至鼓室大泡，而节后神经纤维从鼓室大泡延伸至眼部（Garosi et al.，2012）。

　Ⅲ. 局部使用去氧肾上腺素，其为一种直接作用的拟交感神经药物，监测用药后瞳孔散大的情况，可用于帮助定位病变。在进行测试时，将稀释的去氧肾上腺素（0.25% ~ 1%）滴入双眼，并记录瞳孔散大所需的时间。如果在 20 分钟内出现瞳孔散大，则可能是节后病变。这种检测不是 100% 准确，使用更浓缩的去氧肾上腺素配方可能导致假阳性结果（Garosi et al.，2012；Simpson et al.，2015）。

病例 198：问题　一只 3 岁已绝育雌性标准贵宾犬出现跛行和甲脱落（脱甲）。主诉这个问题从一只爪开始，然后在 3 个月内，4 只爪都出现了问题。检查显示爪床分离，之前脱落的指甲重新长出来是畸形的、柔软的且容易断裂（图 198.1、图 198.2）。爪垫正常，没有其他皮肤病症状。曾进行的真菌培养结果阴性，而且这种情况对 4 周的口服抗生素没有反应。

　Ⅰ. 最有可能的诊断是什么？

　Ⅱ. 应该如何治疗？

　Ⅲ. 什么情况只会出现爪部异常？

病例 198：回答　Ⅰ. 根据临床症状和发现，最有可能的诊断是对称型狼疮性指（趾）甲营养不良。其他合理的鉴别诊断包括甲真菌病、药疹和血管炎。戈登塞特犬和德国牧羊犬似乎容易发生这种疾病。目前，这种疾病被怀疑是免疫介导的，但尚不清楚这是一种特定的疾病还是一种反应模式。后者的可能性更大，而且可能有很多诱因，包括药物、疫苗和潜在的食物不良反应（Mueller et al.，2003）。

　Ⅱ. 这些犬严重跛行，它们经常在地毯上或走路时勾住撕脱的指甲。如有必要，应在全身麻醉下去除脱落的

图 198.1　爪部病变

图 198.2　甲畸形、易断裂

指甲。此外，未撕脱的指甲应经常修剪，以避免进一步的创伤。治疗方案包括每天口服脂肪酸补充剂；维生素 E；与四环素衍生物、烟酰胺和己酮可可碱联合治疗。更严重或难治性的病例在过渡到更保守的治疗方式之前，可能首先需要给予全身性糖皮质激素、环孢素或硫唑嘌呤。作者联合使用糖皮质激素和己酮可可碱直到不再脱甲，然后继续使用己酮可可碱、口服脂肪酸补充剂和维生素 E。不一定需要长期治疗，但有些病例需要终身干预以缓解临床症状。

Ⅲ. 外伤、细菌感染、皮肤癣菌病、马拉色菌感染、利什曼病、钩虫性皮炎、对称型狼疮性指（趾）甲营养不良、寻常型天疱疮、表皮下大疱性皮肤病、药物不良反应、血管炎和肿瘤（鳞状细胞癌、黑色素瘤、软组织肉瘤和爪下角化性棘皮瘤）。

病例 199　病例 200

病例 199：问题　一只 9 岁已绝育雌性马尔济斯犬，因对称性非瘙痒性脱毛的问题而就诊（图 199.1、图 199.2）。经检查，皮肤较薄，腹部浅表血管比预期更突出（图 199.3）。犬喜欢晒太阳，主诉犬的饮水、排尿、排便及行为都没有变化。进行全血细胞计数、血清生化和尿液分析，所有值均在正常范围内。

Ⅰ. 该品种对称性非瘙痒性脱毛的鉴别诊断是什么？

Ⅱ. 为什么要对这只患犬进行筛查诊断测试？该患犬需要进行哪些额外的诊断检查？

Ⅲ. 什么是 UCCR？这些信息对治疗该患犬有什么帮助？

病例 199：回答　Ⅰ. 鉴别诊断包括甲状腺功能减退、肾上腺皮质功能亢进、斑秃和性激素性脱毛（内源性和外源性）。肾上腺皮质功能亢进是该品种最常见的内分泌疾病，其次是甲状腺功能减退。在早期阶段，脱毛是唯一的临床症状，这 2 种疾病表现非常相似。斑秃是一种遗传性疾病，在其他品种中更常见，并且会在更年轻的时候发病。通常表现为头部、耳朵、腹侧和大腿尾侧对称性脱毛。性激素性脱毛是非常罕见的，只有排除其他疾病后才能诊断为该疾病。

Ⅱ. 这只患犬脱毛最可能的原因是内分泌失调，犬的临床症状提示肾上腺皮质功能亢进。然而，除了脱毛和皮肤变薄之外，患犬没有任何其他症状（多饮 / 多尿、多食、气喘）。此外，在进一步询问后，犬主人还说，这只犬可以一夜睡到天亮，既不会突然苏醒，也不会吵醒主人出去撒尿。喜欢日光浴的病史提示患犬有寻求热的行为，可能是甲状腺功能减退引起的。然

图 199.1　犬脱毛外观照

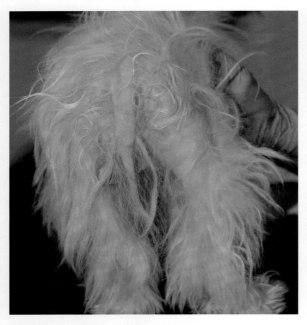

图 199.2　对称性脱毛尾侧观

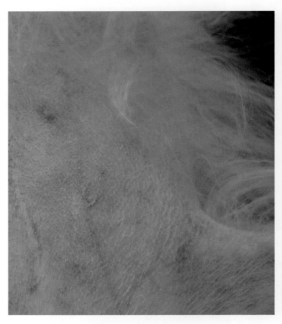

图 199.3　腹部皮肤变薄近照

而，这种寻求热量的行为可能只是因为犬的身体太冷，因为它的被毛由于一种非内分泌的毛囊紊乱而脱落了。

　　全血细胞计数、血清生化和尿液分析有助于区分内分泌脱毛的原因，并有助于直接选择更具体的内分泌功能测试。表 199.1 显示内分泌原因可能引起的变化。下一步将进行甲状腺筛查和低剂量地塞米松抑制试验。首先对该患犬进行甲状腺筛查，结果发现正常。低剂量地塞米松抑制试验（0.01 mg/kg，Ⅳ）结果显示，在 0 小时时基底皮质醇升高，地塞米松刺激后 4 小时皮质醇明显抑制，8 小时后皮质醇浓度升高。这一结果不仅说明患犬存在肾上腺皮质功能亢进，还提示患犬为 PDH。正常的犬 8 小时皮质醇浓度会被抑制，但在该病例中，结果并非如此。

　　Ⅲ. UCCR 是一种排除肾上腺皮质功能亢进的筛选试验，其阴性预测值接近 100%（即如果检查结果正常，患病动物就没有肾上腺皮质功能亢进）。自发性肾上腺皮质功能亢进患犬 UCCR 较高，但大多数 UCCR 高的犬没有肾上腺皮质功能亢进。如果测试结果 UCCR 升高，则需要进行动态肾上腺功能测试（ACTH 刺激试验或低剂量地塞米松抑制试验）来检测犬是否患有肾上腺皮质功能亢进。异常的 UCCR 测试结果提示需要进行肾上腺功能测试，如在一些非炎症性脱毛病例中所做的那样，为主人节省了甲状腺功能测试或潜在活检的费用。

图 199.1　内分泌原因可能引起的变化

疾病	全血细胞计数	血清生化	尿液分析
甲状腺功能减退	正细胞正色素非再生性贫血	高胆固醇血症、高甘油三酯血症、ALT 和 CK 升高 +/- ALP	正常
库欣病	白细胞增多、中性粒细胞增多、淋巴细胞减少、嗜酸性粒细胞减少、血小板增多	ALP +/- ALT 升高、高胆固醇血症、高甘油三酯血症、高血糖、BUN 降低、低磷血症	低尿比重（<1.020）、菌尿、蛋白尿、UCCR 升高
雌激素过多症	非再生性贫血、白细胞减少、血小板减少	正常	正常

病例 200：问题　什么是硫唑嘌呤，它用于哪些皮肤病？该药物的主要不良反应是什么？

病例 200：回答　硫唑嘌呤（Imuran）是一种前体药物，其活性代谢物 6- 巯基嘌呤和其他代谢物负责药物的免疫调节活性。硫唑嘌呤通过在 DNA 合成中加入硫嘌呤类似物来拮抗嘌呤的合成，从而导致链终止和细胞毒性。由于淋巴细胞缺乏嘌呤生物合成的补救途径，本药物对淋巴细胞有特殊的作用，导致淋巴细胞活化和增殖受阻。硫唑嘌呤很少作为单一治疗药物使用，但最常作为糖皮质激素的辅助药物，以减少糖皮质激素的剂量和不良反应。它主要用于治疗落叶型天疱疮，但也被提倡用于治疗许多其他自身免疫性皮肤病（如皮肤大疱性皮肤病、难治性盘状红斑狼疮或对称型狼疮性指（趾）甲营养不良和葡萄膜皮肤病综合征）。据报道，大约 15% 德国牧羊犬使用硫唑嘌呤会发生肝毒性。如果肝酶升高，则肝毒性一般在治疗的前 4 周内出现（Wallisch and Trepanier，2015）。硫唑嘌呤的另一个主要不良反应是骨髓抑制（中性粒细胞减少和血小板减少）。骨髓毒性与硫嘌呤甲基转移酶（thiopurine methyltransferase，TPMT）活性直接相关，该酶负责 6- 巯基嘌呤的代谢。犬 TPMT 活性有所不同，巨型雪纳瑞的 TPMT 活性较低，而阿拉斯加雪橇犬 TPMT 的活性较高（Kidd et al.，2004）。猫的 TPMT 活性也较低，这就是它们更容易受到毒性影响的原因，应避免使用该药物。

病例 201　病例 202

病例 201：问题　一只 7 岁已去势雄性长毛家猫，有 3 个月进行性脱毛和瘙痒史（图 201.1）。患猫是家中唯一的猫，很长一段时间内可以在无人监督的情况下外出。回顾病史发现该患猫目前正在接种推荐的疫苗，主诉他们每月都从当地一家零售店购买非泼罗尼滴剂进行跳蚤预防。检查发现患猫警觉，生命体征未见明显异常。胸部背侧和颈部的脱毛区域，以及受影响区域出现红斑、丘疹、结痂和表皮脱落。后肢尾部、腹部和前肢内侧可见斑块状脱毛。在检查过程中，观察到一个生物在脱毛区域快速移动（图 201.2）。

Ⅰ. 该生物是什么？你对患猫的临床诊断是什么？

Ⅱ. 请详细描述这种生物的生命周期。

Ⅲ. 针对这种疾病，哪些家用产品被用作天然或全面的驱杀剂，以及使用它们会产生什么问题？

病例 201：回答　Ⅰ. 该生物为猫栉首蚤，临床诊断为跳蚤过敏性皮炎。对猫主人给患猫使用的产品进行进一步调查后发现，这是不符合猫体重的配方，导致剂量不足和预防失败。重要的是要记住，当观察到明显的治疗失败时，其原因可能是剂量不足，而不是杀虫剂抗药性。

Ⅱ. 猫跳蚤的生命周期由卵、3 个幼虫阶段、1 个蛹阶段和成虫阶段组成。这个周期可以是 12 天，也可以延

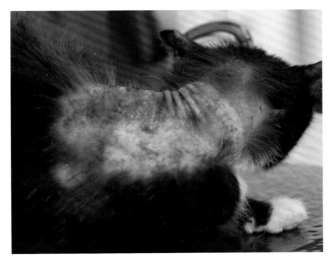

图 201.1　颈背部脱毛

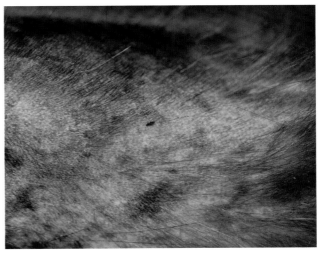

图 201.2　躯干部近照

长至 174 天（或更长），时间长短主要取决于环境温度和湿度。在正常的家庭条件下，大多数跳蚤在 3 ~ 8 周内完成其生命周期（Blagburn and Dryden，2009）。一旦成年跳蚤找到宿主，它会在几分钟内吸血，且必须在交配前发生。成年跳蚤在吸血后 8 ~ 24 小时内交配，24 ~ 36 小时内产卵。成虫在宿主身上产卵，然后脱落到环境中。雌蚤日产卵量为 40 ~ 50 枚，产卵量逐步下降，持续 100 天以上。卵在 1 ~ 10 天孵化（这个阶段对温度非常敏感）。幼虫表现出背光性和趋地性（它们向下移动到物体上）。幼虫以有机碎屑、不孕卵、其他幼虫和跳蚤粪便为食。幼虫阶段通常在 5 ~ 10 天内完成，是所有蚤类生命阶段中最不耐寒的（只有 25% 存活）阶段。幼虫第三阶段之后化蛹，这是最具弹性的生命阶段，表现出对干燥和杀虫剂的抗性。这个阶段可延长达 140 天，视环境刺激而定。羽化可以迅速发生，由物理压力、振动、CO_2 和温度等因素触发（如表明 / 模拟潜在宿主存在的因素）。

Ⅲ. 多年来，大蒜、硫胺素、啤酒酵母、硫黄、Avon Skin So Soft，以及各种植物源草本产品或精油等产品一直被吹捧为防治跳蚤的天然药物或驱虫剂。虽然有一些零星报告描述了基本疗效，但大多数缺乏数据和临床证据证明它们的有效性。随着市场上用于犬和猫的"天然"产品越来越多，特别是精油，报道的不良反应也随之增多。与报道的不良反应相关的精油包括茶树油、薄荷油、百里香油、肉桂油、柠檬草油和丁香油。报道的不良反应包括虚弱、多涎、多动、嗜睡、呕吐、共济失调、影响呼吸系统和癫痫发作（Budgin and Flaherty，2013；Genovese et al.，2012）。目前，毒性的确切机制尚不清楚，但被认为与油中所含的萜烯有关。据报道，无论产品是否正确使用，都可观察到猫的毒性。对大多数病例而言，产品只有皮肤去污和支持性护理作用，疗效甚微，72 小时内可观察到症状完全恢复。

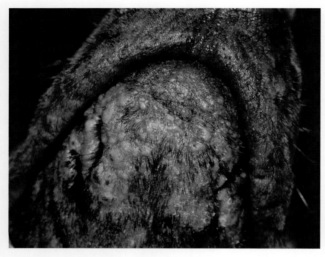

图 202.1 下颌脱毛、丘疹近照

病例 202：问题 一只 9 月龄德国短毛猎犬接受下颌检查。主诉该犬这个区域长了丘疹。在体检时，犬的嘴唇、下巴和胡须部有脱毛、丘疹和疖（图 202.1）。许多毛囊被角蛋白堵塞，可以从这些毛囊中挤出脓性物质和被毛。

Ⅰ. 这种疾病常被称作什么？

Ⅱ. 如何治疗？

病例 202：回答 Ⅰ. 下颌脓皮病或犬痤疮。下颌脓皮病是一种细菌性感染，这不是真正的痤疮，而是创伤性疖病。下颌脓皮病几乎只在短毛犬上出现，如德国短毛猎犬。这种疾病的确切原因尚不清楚，但猜测与创伤有关（躺在硬地板、咀嚼玩具时摩擦，以及粗暴地玩耍或抓球），迫使短而硬的被毛逆向穿过毛囊，导致异物反应，可能成为继发性感染。

Ⅱ. 处理这些病例最关键的步骤是识别可能导致下颌创伤的行为，并由主人帮助改进。在轻度病例中，局部治疗（过氧化苯甲酰、水杨酸或莫匹罗星）可能足以缓解病变。在中度至重度病例中，应口服抗生素 4 ~ 6 周，并每日清洗病变处。在一些复发的病例中，通过胶带粘贴被毛以消除刺激的内生被毛可能是有益的。积极治疗是很重要的。当炎症反应加剧时，可能需要使用全身性糖皮质激素来防止瘢痕形成。

病例 203

病例 203：问题 一只雌性 6 岁猫的腹部如图 203.1 所示。猫因怀疑此区域出现脓肿而就诊。手术将脓肿引流、冲洗，并给猫口服阿莫西林克拉维酸 14 天。在过去的 7 个月里，手术引流部位没有愈合，并发展为如图所示的病灶。多次手术切除肉芽组织并缝合创口都未能解决问题。

Ⅰ. 这只猫的皮肤问题是什么？需要考虑哪些鉴别诊断？

Ⅱ. 应进行什么诊断测试？

Ⅲ. 图 203.2 为取自活检样本压印涂片的抗酸染色。这只猫出现该病变的最可能原因是什么？

图 203.1　腹部病变近照

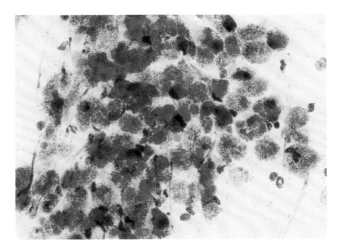

图 203.2　活检压印涂片抗酸染色镜检

病例 203：回答　Ⅰ. 皮肤问题是伤口不愈合。鉴别诊断包括异物、免疫抑制、皮下真菌病、无菌性脂膜炎、非典型分枝杆菌、猫麻风病、放线菌病和诺卡菌病。

Ⅱ. 应进行全面血检、尿检、真菌滴度和 FeLV/FIV 血清学检查。此外，应麻醉患猫，进行组织活检送组织病理学检查、细菌培养和真菌培养。重要的是获得深部切片进行活检和培养。鉴别诊断列表中的许多生物体感染时数量很少，并且在皮下脂肪或附近发现。此外，重要的是要告诉处理培养和皮肤活检标本的实验室怀疑哪些微生物，因为这将分别影响培养基和组织染色的选择。

Ⅲ. 存在细胞内抗酸杆菌。非典型分枝杆菌和猫麻风病（麻风分枝杆菌）都是抗酸杆菌。诺卡菌只是部分抗酸的分支丝状生物体。这是一例继发于偶发分枝杆菌的非典型分枝杆菌感染。

病例 204

病例 204：问题　犬和猫因主人经常摸到皮肤结节而就诊，因为他们担心肿瘤风险。许多情况下，进行细针抽吸以确定肿物是否有感染性、良性或恶性。确切来说，对这些生长的肿物进行穿刺，以确保它们不是圆细胞瘤。图 204.1 是 4 种最常见的圆细胞瘤细针穿刺的显微镜图像。

识别每个图像对应的圆细胞瘤。

病例 204：回答　图 204.1A 为组织细胞瘤。一种均匀分布的大而圆的细胞群，细胞质中等到丰富且淡染。背景通常染色较深，这有助于展现苍白的细胞质外观。细胞质也可呈颗粒状，但缺乏明显的颗粒和空泡。细胞核圆形至肾形，染色质细腻，含有多个不清晰的核仁。当肿瘤消退时，小淋巴细胞和其他炎症细胞会增多。

图 204.1B 为浆细胞瘤。图中所示的细胞群有圆形的核，染色质均匀粗糙，排列规则。细胞核位于偏心位置，有中度嗜碱性染色的细胞质。在许多细胞中，可以看到与高尔基体相对应的显著核周透明区。双核到多核细胞是该肿瘤的另一个特征。低分化的浆细胞很难与组织细胞区分。

图 204.1C 为肥大细胞瘤。胞核呈淡色圆形，胞质上有明显的深紫色染色颗粒。细胞也很脆弱，背景中可见大量游离核和颗粒。此外，背景中可见大量嗜酸性粒细胞和嗜酸性颗粒，这是肿瘤的常见特征。在一小部分肿瘤病例中，使用罗曼诺夫斯基型变体（即 Diff-Quik）染色，颗粒可能不着色。这样的玻片使用姬姆萨染色剂会过度染色，就会突出肥大细胞颗粒。

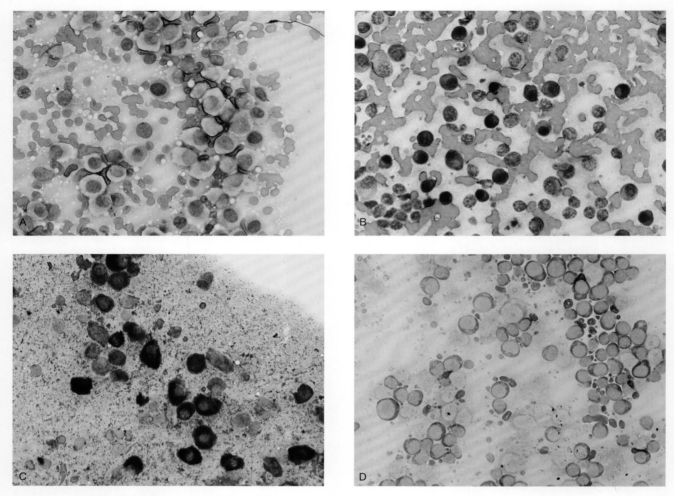

图 204.1　4 种常见圆细胞瘤细针抽吸显微镜检照片

　　图 204.1D 为淋巴瘤。有一群圆形细胞，胞质很少，呈淡蓝色到深蓝色。细胞核偶尔呈锯齿状，有精细的染色质模式，包含一个或多个明显的核仁。可见大量的细胞质碎片（淋巴腺小体），这是该肿瘤的常见表现。在以淋巴母细胞为主的情况下，细胞可能具有组织细胞的外观，这可能使确定性识别困难。在这些病例中，可能需要 PCR 技术或组织病理学检查结合免疫组织化学来确认诊断。

病例 205　病例 206

　　病例 205：问题　一只 2 岁未绝育雌性杜宾犬出现被毛逐渐稀疏的现象。主诉没有瘙痒，没有任何皮肤或耳部感染。常年服用预防跳蚤和心丝虫的药物。总的来说，除了犬背侧和胸部两侧被毛的弥漫性减少外，体格检查未见明显异常。远距离观察，你会发现黑色被毛的区域受到了影响，但是浅黄色被毛区域看起来正常。有了这些发现，你选择进行被毛镜检，其结果如图 205.1 所示。
　　Ⅰ. 患犬的诊断是什么？
　　Ⅱ. 哪些其他品种可能患有这种疾病？
　　Ⅲ. 对这只患犬有什么建议？

　　病例 205：回答　Ⅰ. 色素稀释性脱毛。该图像显示，被毛中黑色素不规则地分散在整个毛干中，异常的聚集导致正常毛干的突起或破坏。这些发现是特征性和诊断性的。病变部位脱毛是由于黑色素聚集导致毛干断裂，而不是像许多主人认为的被毛没有生长。

Ⅱ.在吉娃娃、松狮犬、腊肠犬、杜宾犬、大丹犬、爱尔兰塞特犬、意大利灰犬、拉布拉多寻回猎犬、泰迪犬、罗得西亚脊背犬、萨路基犬、雪纳瑞犬、喜乐蒂牧羊犬、丝毛梗、惠比特犬和约克夏梗犬中都有色素稀释性脱毛的病例记录。

Ⅲ.色素稀释性脱毛不是一个可治愈的疾病，所以治疗往往是控制症状，主要目标是预防继发性脓皮病和提供阳光保护。主要通过日常沐浴和维持皮肤营养状态预防脓皮病。根据脱毛的程度，可以在紫外线强度最高的时间段内限制太阳照射，如涂抹防晒霜，或者穿犬防晒服。

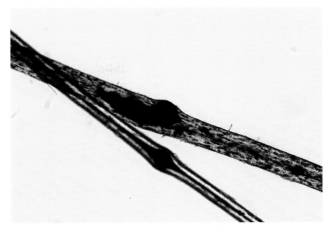

图 205.1 被毛镜检

病例 206：问题　一只 2 岁雄性德国牧羊犬在夏天出现了急性摇头和耳朵瘙痒，主诉在 2 ~ 3 周之前就开始了。患犬生活在农场，主要被关在户外，在那里可以自由地活动。

除瘙痒外，主人说无其他症状或问题。回顾病史发现，患犬目前正在接种疫苗，并每月驱虫，其中包括预防心丝虫的米尔贝肟或预防跳蚤和蜱虫的阿福拉纳。总体而言，除了如图 206.1 所示双耳在大致相同的位置出现病变外，体格检查、皮肤检查和耳镜检查均无显著差异。结痂显示红斑和轻微糜烂的表面。

Ⅰ.该患犬的主要鉴别诊断是什么，需要考虑的其他鉴别诊断是什么，应该进行什么诊断？

Ⅱ.对这只患犬有什么治疗建议？

图 206.1 耳缘结痂

病例 206：回答　Ⅰ.这只患犬的主要鉴别诊断是苍蝇叮咬性皮炎或蝇蛆病。耳廓远侧出现出血性结痂，夏季急性发作，无坏死或缺血，无其他临床症状，其为引起患犬临床症状的最可能原因。苍蝇叮咬性皮炎发生于户外暴露的犬，其病变包括出血性结痂和红斑，这些病变有不同程度的瘙痒，且在耳尖（垂耳犬的折叠凸缘）或面部发现。其他潜在的鉴别诊断包括肉芽肿、外伤或耳廓血管炎。每月使用阿福拉纳使疥螨感染的可能性降低。双耳对称病变与外伤不一致，而且这个品种不是典型的耳廓血管炎常发品种。诊断应包括皮肤刮片以寻找体外寄生虫和皮肤压印涂片以确定可能存在的继发性感染原。

Ⅱ.苍蝇叮咬性皮炎的治疗应包括外用抗生素类固醇软膏／油膏，每天 1 ~ 2 次，直到病变消失。应室内居住或改变生活方式，以避免进一步接触，并查明和消除蝇源。最后，常规使用含有驱虫剂（如氯菊酯）的跳蚤／蜱类预防剂可能有助于预防复发。

病例 207

病例 207：问题　最近，Ralf Mueller 和 Thierry Olivry 发表了一系列关于皮肤有食物不良反应的综述文章，集中讨论了兽医和专家困惑的许多方面。皮肤有食物不良反应是犬和猫瘙痒的主要原因，该疾病需要进行食物排除试验诊断。

Ⅰ.在犬和猫身上发现了哪些常见的食物过敏原？

Ⅱ.确定诊断大多数犬和猫的皮肤有食物不良反应所需的食物排除试验的时间是多久？

Ⅲ. 如何进行食物排除试验?

病例 207: 回答　Ⅰ. 最常被报道的犬的食物过敏原是牛肉、乳制品、鸡肉、小麦、羊肉、大豆、玉米、鸡蛋、猪肉、鱼和大米。猫则是牛肉、鱼、鸡肉、小麦、玉米、乳制品和羊肉（Mueller，Olivry and Prelaud，2016）。在解释这些数据时，重要的是要记住，犬和猫的常见食物过敏原将反映商品化日粮产品和喂养习惯的地理差异。

Ⅱ. 对于诊断皮肤有食物不良反应所需的食物排除试验的最佳持续时间尚未达成共识。尽管如此，最近的综述表明，在犬中进行的食物排除试验应至少持续 8 周，届时，如果主要原因是皮肤有食物不良反应，95% 以上的犬临床症状得到显著改善。这也意味着，据报道，只有不到 5% 的犬需要更长时间的食物排除试验才能确诊。在猫中大体相似，略有不同。据报道一项食物排除试验持续8周，只有90%的猫的临床症状得到了显著改善（Mueller，Olivry and Prelaud，2015）。因此，如果只进行 8 周的食物排除试验，可能有 1/10 的皮肤有食物不良反应患猫会被误诊，这也解释了为什么建议对猫进行更长时间的试验。以上都是总的诊断指南，也是瘙痒犬猫的诊断基础，但需记住总有例外的情况。

Ⅲ. 不同专家进行食物排除试验的方式总是有细微的差异，以下是一个基本概要。首先，应根据动物的情况，选择新颖的蛋白饮食、水解蛋白饮食或均衡的家庭烹饪饮食。选择处方或家庭自制饮食进行试验的原因是，人们担心商品化宠物食品的标签和成分存在差异（Olivry and Mueller，2018）。一旦选择了一种饮食，就应该在规定的时间内专门给患病动物喂食。在喂食排除性饮食后，应询问主人他们的宠物是否变好。如果病情没有好转，可以继续使用当前的饮食或其他饮食，以进一步评估是否患有皮肤有食物不良反应，或者可以认为动物不存在食物过敏，应考虑其他病因。如果患病动物的情况有所好转，则应继续用患病动物先前接触过的食物进行激发试验，并告知主人监测临床症状的恶化情况。如果在激发后未观察到恶化，则食物排除试验的症状好转可能是一种巧合，应再次评估临床症状的其他主要原因。如果在先前的食物暴露中观察到临床症状恶化，则应再次使用之前的食物进行排除试验，如果临床症状再次减轻，则可诊断为 CAFR。

参考文献

[1] Aalbaek B, Bemis DA, Schjaerff M et al. 2010. Coryneform bacteria associated with canine otitis externa. *Veterinary Microbiology*, 145: 292−298.

[2] Appelgrein A, Hosgood G, Reese SL. 2016. Computed tomography findings and surgical outcomes of dermoid sinuses: A case series. *Australian Veterinary Journal*, 94: 461−466.

[3] Bauer JE. 2011. Timely topics in nutrition: Therapeutic use of fish oils in companion animals. *Journal of the American Veterinary Medical Association*, 238: 1441−1451.

[4] Bauer JE. 2016. Timely topics in nutrition: The essential nature of dietary omega-3 fatty acids in dogs. *Journal of the American Veterinary Medical Association*, 249: 1267−1272.

[5] Beale K. 2012. Feline demodicosis: A consideration in the itchy or overgrooming cat. *Journal of Feline Medicine and Surgery*, 14: 209−213.

[6] Beco L, Guaguere E, Lorente Mendez C et al. 2013. Suggested guidelines for using systemic antimicrobials in bacterial skin infections (2): Antimicrobial choice, treatment regimens and compliance. *Veterinary Record*, 172: 156−160.

[7] Becskei C, DeBock F, Illambas J et al. 2016. Efficacy and safety of a novel oral isoxazoline, sarolaner (Simparica™), for the treatment of sarcoptic mange in dogs. *Veterinary Parasitology*, 222: 56−61.

[8] Becskei C, Reinemeyer C, King VL et al. 2017. Efficacy of a new spot-on formulation of selamectin plus sarolaner in the treatment of *Otodectes cynotis* in cats. *Veterinary Parasitology*, 238: S27−S30.

[9] Bergvall K. 2004. A novel ulcerative nasal dermatitis of Bengal cats. *Veterinary Dermatology*, 15: 28.

[10] Bitam I, Dittmar K, Parola P et al. 2010. Fleas and flea-borne diseases. *International Journal of Infectious Diseases*, 14: 667−676.

[11] Bizikova P, Linder KE, Olivry T. 2014. Fipronil-amitraz-S-methoprene-triggered pemphigus foliaceus in 21 dogs: Clinical, histological and immunological characteristics. *Veterinary Dermatology*, 25: 103−111.

[12] Bizikova P, Moriello KA, Linder KE et al. 2015. Dinotefuran/pyriproxyfen/permethrin pemphigus-like drug reaction in three dogs. *Veterinary Dermatology*, 26: 206−208.

[13] Bizikova P, Olivry T. 2016. A randomized, double-blinded crossover trial testing the benefit of two hydrolysed poultry-based commercial diets for dogs with spontaneous pruritic chicken allergy. *Veterinary Dermatology*, 27: 289−e70.

[14] Blache JL, Ryan K, Arceneaux K. 2011. Histoplasmosis. *Compendium: Continuing Education for Veterinarians*, 3: E1−E11.

[15] Blagburn BL, Dryden MW. 2009. Biology, treatment, and control of flea and tick infestations. *Veterinary Clinics of North America: Small Animal Practice*, 39: 1173−1200.

[16] Borio S, Colombo S, La Rosa G et al. 2015. Effectiveness of a combined (4% chlorhexidine digluconate shampoo and solution) protocol in MRS and non-MRS canine superficial pyoderma: A randomized, blinded, antibiotic-controlled study. *Veterinary Dermatology*, 26: 339−344.

[17] Buckley L, Nuttal T. 2012. Feline eosinophilic granuloma complex(ities): Some clinical clarification. *Journal of Feline Medicine and Surgery*, 14: 471−481.

[18] Buckley LM, Schmidt VM, McEwan NA et al. 2012. Positive and negative predictive values of a *Sarcoptes* specific IgG ELISA in a tested population of pruritic dogs. *Veterinary Dermatology*, 23: 36.

[19] Budgin JB, Flaherty MJ. 2013. Alternative therapies

in veterinary dermatology. *Veterinary Clinics of North America: Small Animal Practice*, 43: 189−204.

[20] Bylaite M, Grigaitiene J, Lapinskaite GS. 2009. Photodermatoses: Classification, evaluation and management. *British Journal of Dermatology*, 161: 61−68.

[21] Cain CL. 2013. Antimicrobial resistance in staphylococci in small animals. *Veterinary Clinics of North America: Small Animal Practice*, 43: 19−40.

[22] Campbell KL. 1999. Sulphonamides: Updates on use in veterinary medicine. *Veterinary Dermatology*, 10: 205−215.

[23] Cerundolo R, Mauldin EA, Goldschmidt MH et al. 2005. Adult-onset hair loss in Chesapeake Bay retrievers: A clinical and histological study. *Veterinary Dermatology*, 16: 39−46.

[24] Classen J, Bruehschwein A, Meyer-Lindenberg A et al. 2016. Comparison of ultrasound imaging and video otoscopy with cross-sectional imaging for the diagnosis of canine otitis media. *Veterinary Journal*, 217: 68−71.

[25] Cole LK. 2012. Primary secretory otitis media in Cavalier King Charles Spaniels. *Veterinary Clinics of North America: Small Animal Practice*, 42: 1137−1142.

[26] Cole LK, Samii VF, Wagner SO et al. 2015. Diagnosis of primary secretory otitis media in the cavalier King Charles spaniel. *Veterinary Dermatology*, 26: 459−466.

[27] Correia TR, Scott FB, Verocai GG et al. 2010. Larvicidal efficacy of nitenpyram on the treatment of myiasis caused by *Cochliomyia hominivorax* (Diptera: Calliphoridae) in dogs. *Veterinary Parasitology*, 173: 169−172.

[28] Deboer DJ, Hillier A. 2001. The ACVD task force on canine atopic dermatitis (XV): Fundamental concepts in clinical diagnosis. *Veterinary Immunology and Immunopathology*, 81: 271−276.

[29] Dryden MW, Gaafar SM. 1991. Blood consumption by the cat flea, *Ctenocephalides felis* (Siphonaptera: pulicidae). *Journal of Medical Entomology*, 28: 394−400.

[30] Duclos DD, Hargis AM, Hanley PW. 2008. Pathogenesis of canine interdigital palmar and plantar comedones and follicular cysts, and their response to laser surgery. *Veterinary Dermatology*, 19: 134−141.

[31] Faires MC, Gard S, Aucoin D et al. 2009. Inducible clindamycin-resistance in methicillin- resistant *Staphylococcus aureus* and methicillin-resistant *Staphylococcus pseudintermedius* isolates from dogs and cats. *Veterinary Microbiology*, 139: 419−420.

[32] Favrot C, Steffan J, Seewaldt W et al. 2010. A prospective study on the clinical features of chronic canine atopic dermatitis and its diagnosis. *Veterinary Dermatology*, 21: 23−31.

[33] Ferreira D, Sastre N, Ravera I et al. 2015. Identification of a third feline *Demodex* species through partial sequencing of the 16S rDNA frequency of *Demodex* species in 74 cats using a PCR assay. *Veterinary Dermatology*, 26: 239−245.

[34] Ferreira M, Fattori K, Souza F et al. 2009. Potential role for dog fleas in the cycle of *Leishmania* spp. *Veterinary Parasitology*, 165: 150−154.

[35] Fitzgerald JR. 2009. The *Staphylococcus intermedius* group of bacterial pathogens: Species reclassification, pathogenesis and the emergence of methicillin resistance. *Veterinary Dermatology*, 20: 490−495.

[36] Fontaine J, Heimann M, Day MJ. 2010. Canine cutaneous epitheliotropic T-cell lymphoma: A review of 30 cases. *Veterinary Dermatology*, 21: 267−275.

[37] Forsythe P, Paterson S. 2014. Ciclosporin 10 years on: Indications and efficacy. *Veterinary Record*, 174: 13−21.

[38] Garosi LS, Lowrie ML, Swinbourne NF. 2012. Neurological manifestations of ear disease in dogs and cats. *Veterinary Clinics of North America: Small Animal Practice*, 42: 1143−1160.

[39] Gaschen FP, Merchant SR. 2011. Adverse food reactions in dogs and cats. *Veterinary Clinics of North America: Small Animal Practice*, 41: 361−379.

[40] Genovese AG, McLean MK, Khan MS et al. 2012. Adverse reactions from essential oil-containing natural flea products exempted from Environmental

Protection Agency regulations in dogs and cats. *Journal of Veterinary Emergency and Critical Care*, 22: 470–475.

[41] Glass EN, Cornetta AM, deLahunta A et al. 1998. Clinical and clinicopathologic features in 11 cats with *Cuterebra* larvae myiasis of the central nervous system. *Journal of Veterinary Internal Medicine*, 12: 365–368.

[42] Gortel K. 2013. Recognizing pyoderma more difficult than it may seem. *Veterinary Clinics of North America: Small Animal Practice*, 43: 1–18.

[43] Graham PA, Refsal KR, Nachreiner RF. 2007. Etiopathologic findings of canine hypothyroidism. *Veterinary Clinics of North America: Small Animal Practice*, 37: 617–631.

[44] Greci V, Mortellaro CM. 2016. Management of otic and nasopharyngeal, and nasal polyps in cats and dogs. *Veterinary Clinics of North America: Small Animal Practice*, 46: 643–661.

[45] Gross TL, Ihrke PJ, Walder EJ et al. 2005. Postrabies vaccination panniculitis. In: *Skin Diseases of the Dog and Cat: Clinical and Histopathologic Diagnosis*. 2nd ed. Blackwell Science Ltd., Oxford, UK, pp. 538–541.

[46] Guillot J, Latié L, Manjula D et al. 2001. Evaluation of the dermatophyte test medium Rapid Vet-D. *Veterinary Dermatology*, 12: 123–127.

[47] Halos L, Beugnet F, Cardoso L et al. 2014. Flea control failure? Myths and realities. *Trends in Parasitology*, 30: 228–233.

[48] Han HS, Sharma R, Jeffery J et al. 2017. *Chrysomya bezziana* (Diptera: Calliphoridae) infestation: Case report of three dogs in Malaysia treated with spinosad/ milbemycin. *Veterinary Dermatology*, 28: 239–241.

[49] Harwick RP. 1978. Lesions caused by canine ear mites. *Archieves of Veterinary Dermatology*, 114: 130–131.

[50] Henneveld K, Rosychuk RAW, Olea-Popelka FJ et al. 2012. *Corynebacterium* spp. in dogs and cats with otitis externa and/or media: A retrospective study. *Journal of the American Animal Hospital Association*, 48: 320–326.

[51] Hensel P. 2010. Nutrition and skin diseases in veterinary medicine. *Clinics in Dermatology*, 28: 686–693.

[52] Hensel P, Santoro D, Favrot C et al. 2015. Canine atopic dermatitis: Detailed guidelines for diagnosis and allergen identification. *BMC Veterinary Research*, 11: 196.

[53] Hill CA, Platt J, MacDonald JF. 2010. Black flies: Biology and public health risk. *Purdue Extension*, E-251-W: 1–3.

[54] Hillier A, Desch CE. 2002. Large-bodied *Demodex* mite infestation in 4 dogs. *Journal of the American Veterinary Medical Association*, 220: 623–627.

[55] Hillier A, Lloyd DH, Weese JS et al. 2014. Guidelines for the diagnosis and antimicrobial therapy of canine superficial bacterial folliculitis (Antimicrobial Guidelines Working Group of the International Society for Companion Animal Infectious Diseases). *Veterinary Dermatology*, 25: 163–e43.

[56] Hutt JHC, Prior IC, Shipstone MA. 2015. Treatment of canine generalized demodicosis using weekly injections of doramectin: 232 cases in the USA (2002–2012). *Veterinary Dermatology*, 26: 345–349.

[57] Irwin KE, Beale KM, Fadok VA. 2012. Use of modified ciclosporin in the management of feline pemphigus foliaceus: A retrospective analysis. *Veterinary Dermatology*, 23: 403–409.

[58] Jazic E, Coyner KS, Loeffler DG et al. 2006. An evaluation of the clinical, cytological, infectious and histopathological features of feline acne. *Veterinary Dermatology*, 17: 134–140.

[59] Kidd LB, Salavaggione OE, Szumlanski CL et al. 2004. Thiopurine methyltransferase activity in red blood cells of dogs. *Journal of Veterinary Internal Medicine*, 18: 214–218.

[60] Kunkle G, Halliwell R. 2002. Flea allergy and flea control. In: *BSAVA Small Animal Dermatology*, 2nd ed. A Foster, C Foil (eds). British Small Animal Veterinary Associations, Gloucester, UK, pp. 137–145.

[61] Lenox CE. 2016. Role of dietary fatty acids in dogs and cats. *Today's Veterinary Practice Journal: ACVN Nutrition Notes*, 6(5): 83–90.

[62] Logas D, Kunkle GA. 1994. Double-blinded crossover study with marine oil supplementation containing high dose eicosapentaenoic acid for the treatment of canine pruritic skin disease. *Veterinary Dermatology*, 5: 99–104.

[63] Lopez RA. 1993. Of mites and man. *Journal of the American Veterinary Medical Association*, 203: 606–607.

[64] Lower KS, Medleau LM, Hnilica K et al. 2001. Evaluation of an enzyme-linked immunosorbent assay (ELISA) for the serological diagnosis of sarcoptic mange in dogs. *Veterinary Dermatology*, 12: 315–320.

[65] MacPhail C. 2016. Current treatment options for auricular hematomas. *Veterinary Clinics of North America: Small Animal Practice*, 46: 635–641.

[66] Malik R, Ward MP, Seavers A et al. 2010. Permethrin spot-on intoxication of cats: Literature review and survey of veterinary practitioners in Australia. *Journal of Feline Medicine and Surgery*, 12: 5–14.

[67] Marsella R, Sousa CA, Gonzales AJ et al. 2012. Current understanding of the pathophysiologic mechanisms of canine atopic dermatitis. *Journal of the American Veterinary Medical Association*, 241: 194–207.

[68] Martinez M, Modric S, Sharkey M et al. 2008. The pharmacogenomics of P-glycoprotein and its role in veterinary medicine. *Journal or Veterinary Pharmacology and Therapeutics*, 31: 285–300.

[69] Matricoti I, Maina E. 2017. The use of oral fluralaner for the treatment of feline general- ized demodicosis: A case report. *Journal of Small Animal Practice*, 58: 476–479.

[70] Mazepa ASW, Trepanier LA, Foy DS. 2011. Retrospective comparison of the efficacy of fluconazole or intraconazole for the treatment of systemic blastomycosis in dogs. *Journal of Veterinary Internal Medicine*, 25: 440–445.

[71] Mealey KL. 2013. Adverse drug reactions in veterinary patients associated with drug transporters. *Veterinary Clinics of North America: Small Animal Practice*, 43: 1067–1078.

[72] Mealey KL, Fidel J. 2015. P-glycoprotein mediated drug interactions in animals and humans with cancer. *Journal of Veterinary Internal Medicine*, 29: 1–6.

[73] Meckfessel MH, Brandt S. 2014. The structure, function, ad importance of ceramides in skin and their use as therapeutic agents in skin-care products. *Journal of the American Academy of Dermatology*, 71: 177–184.

[74] Mecklenburg L, Linek M, Tobin DJ. 2009. Canine pattern alopecia. In: *Hair Loss Disorders in Domestic Animals*. Wiley-Blackwell, Ames, IA, pp. 164–168.

[75] Melville K, Smith KC, Dobromylskyj MJ. 2015. Feline cutaneous mast cell tumours: A UK-based study comparing signalment and histological features with long-term outcomes. *Journal of Feline Medicine and Surgery*, 17: 486–493.

[76] Miller WH, Griffin CE, Campbell KL. 2013a. Canine scabies. In: *Muller & Kirk's Small Animal Dermatology*, 7th ed. Elsevier, St. Louis, MO, pp. 315–319.

[77] Miller WH, Griffin CE, Campbell KL. 2013b. Thyroid physiology and disease. In: *Muller & Kirk's Small Animal Dermatology*, 7th ed. Elsevier, St. Louis, MO, pp. 502–512.

[78] Moore PF 2014. A review of histiocytic diseases of dogs and cats. *Veterinary Pathology*, 51: 167–184.

[79] Moriello KA. 2016. Decontamination of laundry exposed to *Microsporum canis* hairs and spores. *Journal of Feline Medicine and Surgery*, 18: 457–461.

[80] Moriello KA, Coyner K, Paterson S et al. 2017. Diagnosis and treatment of dermatophytosis in dogs and cats. Clinical Consensus Guidelines of the World Association for Veterinary Dermatology. *Veterinary Dermatology*, 28: 26–303.

[81] Moriello KA, DeBoer DJ. 2012. Dermatophytosis. In: *Greene's Infectious Diseases of the Dog and Cat*, 4th ed. Elsevier Saunders, St. Louis, MO, pp. 588–

602.

[82] Moriello KA, Verbrugge MJ, Kesting RA. 2010. Effects of temperature variations and light exposure on the time to growth of dermatophytes using six different fungal culture media inoculated with laboratory strains and samples obtained from infected cats. *Journal of Feline Medicine and Surgery*, 12: 988−990.

[83] Morris DO. 2013. Ischemic dermatopathies. *Veterinary Clinics of North America: Small Animal Practice*, 43: 99−111.

[84] Morris DO, Loeffler A, Davis MF et al. 2017. Recomm-endations for approaches to methicillin-resistant staphylococcal infections of small animals: Diagnosis, therapeutic considerations and preventative measures. Clinical Consensus Guidelines of the World Association for Veterinary Dermatology. *Veterinary Dermatology*, 28: 304−e69.

[85] Mueller RS. 2004. Treatment protocols for demodicosis: An evidence-based review. *Veterinary Dermatology*, 15: 75−89.

[86] Mueller RS, Bensignor E, Ferrer L et al. 2012a. Treatment of demodicosis in dogs: 2011 clinical practice guidelines. *Veterinary Dermatology*, 23: 86−96.

[87] Mueller RS, Bergvall K, Bensignor E et al. 2012b. A review of topical therapy for skin infections with bacteria and yeast. *Veterinary Dermatology*, 23: 330−e62.

[88] Mueller RS, Bettenay SV, Shipstone M. 2001. Value of the pinnal-pedal reflex in the diagnosis of canine scabies. *Veterinary Record*, 148: 621−623.

[89] Mueller RS, Olivry T. 2017. Critically appraised topic on adverse food reactions of companion animals (4): Can we diagnose adverse food reactions in dogs and cats with *in vivo* or *in vitro* tests? *BMC Veterinary Research*, 13: 275.

[90] Mueller RS, Olivry T, Prélaud P. 2015. Critically appraised topic on adverse food reactions of companion animals (1): duration of elimination diets. *BMC Veterinary Research*, 11: 225.

[91] Mueller RS, Olivry T, Prélaud P. 2016. Critically appraised topic on adverse food reactions of companion animals (2): Common food allergen sources in dogs and cats. *BMC Veterinary Research*, 12: 9.

[92] Mueller RS, Rosychuk RAW, Jonas LD. 2003. A retrospective study regarding the treatment of lupoid onychodystrophy in 30 dogs and literature review. *Journal of the American Animal Hospital Association*, 39: 139−150.

[93] Müntener T, Schuepbach-Regula G, Frank L et al. 2012. Canine noninflammatory alopecia: A comprehensive evaluation of common and distinguishing histological characteristics. *Veterinary Dermatology*, 23: 206−221.

[94] Negre A, Bensignor E, Guillot J. 2009. Evidence-based veterinary dermatology: A systematic review of interventions for *Malassezia* dermatitis in dogs. *Veterinary Dermatology*, 20: 1−12.

[95] Njaa BL, Cole LK, Tabacca N. 2012. Practical otic anatomy and physiology of the dog and cat. *Veterinary Clinics of North America: Small Animal Practice*, 42: 1109−1126.

[96] Nuttall T, Hill PB, Bensignor E et al. 2006. House dust and forage mite allergens and their role in human and canine atopic dermatitis. *Veterinary Dermatology*, 17: 223−235.

[97] Nuttall T, Reece D, Roberts E. 2014. Life-long diseases need life-long treatment: Long- term safety of ciclosporin in canine atopic dermatitis. *Veterinary Record*, 174: 3−12.

[98] Oberkirchner U, Linder KE, Dunston S et al. 2011. Metaflumizone-amitraz (Promeris)- associated pustular acantholytic dermatitis in 22 dogs: Evidence suggests contact drug-triggered pemphigus foliaceus. *Veterinary Dermatology*, 22: 436−448.

[99] Oldenhoff WE, Frank GR, Deboer DJ. 2014. Comparison of the results of intradermal test reactivity and serum allergen-specific IgE measurement for *Malassezia* pachydermatis in atopic dogs. *Veterinary Dermatology*, 25: 507−511.

[100] Olivry T, Mueller RS. 2018. Critically appraised topic on adverse food reactions of companion animals (5): Discrepancies between ingredients and labeling in commercial pet foods. *BMC Veterinary Research*, 14: 24.

[101] Olivry T, Mueller RS, Prélaud P. 2015. Critically appraised topic on adverse food reactions of companion animals (1): Duration of elimination diets. *BMC Veterinary Research*, 11: 225.

[102] Pallo-Zimmerman LM, Byrin JK, Grave TK. 2010. Fluoroquinolones: Then and now. *Compendium*, 32: E1−9.

[103] Palm MD, O' Donoghue MN. 2007. Update on photopro-tection. *Dermatologic Therapy*, 20: 360−376.

[104] Palmeiro BS. 2013. Cyclosporine in veterinary dermatology. *Veterinary Clinics of North America: Small Animal Practice*, 43: 153−171.

[105] Park C, Yoo JH, Kim HJ et al. 2010. Combination of cyclosporin A and prednisolone for juvenile cellulitis concurrent with hindlimb paresis in 3 English cocker spaniel puppies. *The Canadian Veterinary Journal*, 51: 1265−1268.

[106] Pennisi MG, Hartmann K, Lloret A et al. 2013. Cryptoco-ccosis in cats: ABCD guidelines on prevention and management. *Journal of Feline Medicine and Surgery*, 15: 611−618.

[107] Pereira AV, Pereira SA, Gremiao IDF et al. 2012. Comparison of acetate tape impression with squeezing versus skin scraping for the diagnosis of canine demodicosis. *Australian Veterinary Journal*, 90(11): 448−450.

[108] Peters J, Scott DW, Erb HN et al. 2003. Hereditary nasal parakeratosis in Labrador retrievers: 11 new cases and a retrospective study on the presence of accumulations of serum ("serum lakes") in the epidermis of parakeratotic dermatoses and inflamed nasal plana of dogs. *Veterinary Dermatology*, 14: 197−203.

[109] Perters J, Scott DW, Erb HN et al. 2007. Comparative analysis of canine dermatophytosis and superficial pemphigus for the prevalence of dermatophytes and acantholytic keratinocytes: A histopathological and clinical retrospective study. *Veterinary Dermatology*, 18: 234−240.

[110] Reinhart JM, Kukanich KS, Jackson T et al. 2012. Feline histoplasmosis: Fluconazole therapy and identification of potential sources of *Histoplasma* species exposure. *Journal of Feline Medicine and Surgery*, 14: 841−848.

[111] Ricci R, Granato A, Vascellari M et al. 2013. Identification of undeclared sources of animal origin in canine dry foods used in dietary elimination trials. *Journal of Animal Physiology and Animal Nutrition*, 97: 32−38.

[112] Rosales MS, Marsella R, Kunkle G et al. 2005. Comparison of the clinical efficacy of oral terbinafine and ketoconazole combined with cephalexin in the treatment of *Malssezia* dermatitis in dogs—A pilot study. *Veterinary Dermatology*, 16: 171−176.

[113] Rosser EJ. 2006. German shepherd dog pyoderma. *Veterinary Clinics of North America: Small Animal Practice*, 36: 203−211.

[114] Rufener L, Danelli V, Bertrand D et al. 2017. The novel isoxazoline ectoparasiticide lotilaner (Credelio): A non-competitive antagonist specific to invertebrates γ -aminobutyric acid-gated chloride channels (GABACls). *Parasites and Vectors*, 10: 530.

[115] Rutland BE, Byl KM, Hydeskov HB et al. 2017. Systemic manifestations of *Cuterebra* infection in dogs and cats: 42 cases (2000−2014). *Journal of the American Veterinary Medical Association*, 251: 1432−1438.

[116] Santoro D, Kubicek L, Lu B et al. 2017. Total skin electron therapy as treatment for epitheliotropic lymphoma in a dog. *Veterinary Dermatology*, 28: 246−e65.

[117] Saridomichelakis MN, Koutinas AF, Farmaki R et al. 2007. Relative sensitivity of hair pluckings and exudate microscopy for the diagnosis of canine demodicosis. *Veterinary Dermatology*, 18: 138−141.

[118] Sastre N, Ravera I, Villanueva S et al. 2012. Phylogenetic relationships in three species of canine *Demodex* mite based on partial sequences of mitochondrial 16S rDNA. *Veterinary Dermatology*, 23: 509−514.

[119] Short J, Gram D. 2016. Successful treatment of *Demodex gatoi* with 10% imidacloprid/1% moxidectin. *Journal of the American Animal Hospital Association*, 52: 68−72.

[120] Short J, Zabel S, Cook C et al. 2014. Adverse events associated with chloramphenicol use in dogs: A retrospective study (2007−2013). *Veterinary Record*, 175: 537−539.

[121] Shumaker AK, Angus JC, Coyner KS et al. 2008. Microbiological and histopathological features of canine acral lick dermatitis. *Veterinary Dermatology*, 19: 288−298.

[122] Simpson KM, Williams DL, Cherubini GB. 2015. Neuropharmacological lesion localization in idiopathic Horner's syndrome in golden retrievers and dogs of other breeds. *Veterinary Ophthalmology*, 18: 1−5.

[123] Smith SH, Goldschmidt MH, McManus PM. 2002. A comparative review of melanocytic neoplasms. *Veterinary Pathology*, 39: 651−678.

[124] Somogyi O, Meskó A, Csorba L et al. 2017. Pharmaceutical counseling about different types of tablet-splitting methods based on the results of weighing tests and mechanical development of splitting devices. *European Journal of Pharmaceutical Sciences*, 106: 262−273.

[125] Stoll S, Dietlin C, Nett-Mettler CS. 2015. Microneedling as a successful treatment for alopecia X in two Pomeranian siblings. *Veterinary Dermatology*, 26: 387−e88.

[126] Sula MJM. 2012. Tumors and tumorlike lesions of dog and cat ears. *Veterinary Clinics of North America: Small Animal Practice*, 42: 1161−1178.

[127] Taenzler J, de Vos C, Roepke RKA et al. 2017. Efficacy of fluralaner against *Otodectes cynotis* infestations in dogs and cats. *Parasites and Vectors*, 10: 30.

[128] Toma S, Comegliani L, Persico P et al. 2006. Comparison of 4 fixation and staining methods for the cytologic evaluation of ear canals with clinical evidence of ceruminous otitis externa. *Veterinary Clinical Pathology*, 35: 194−198.

[129] Trepanier LA, Danhof R, Toll J et al. 2003. Clinical findings in 40 dogs with hypersensitivity associated with administration of potentiated sulfonamides. *Journal of Veterinary Internal Medicine*, 17: 647−652.

[130] Van Riet-Nales DA, Doeve ME, Nicia AE et al. 2014. The accuracy, precision and sustainability of different techniques for tablet subdivision: Breaking by hand and the use of tablet splitters or a kitchen knife. *International Journal of Pharmaceutics*, 466: 44−51.

[131] Vercelli A, Raviri G, Cornegliani L. 2006. The use of oral cyclosporine to treat feline dermatoses: A retrospective analysis of 23 cases. *Veterinary Dermatology*, 17: 201−206.

[132] Vo DT, Hsu WH, Abu-Basha EA et al. 2010. Insect nicotinic acetylcholine receptor agonists as flea adulticides in small animals. *Journal of Veterinary Pharmacology and Therapeutics*, 33: 315−322.

[133] Voie KL, Campbell KL, Lavergne SN. 2012. Drug hypersensitivity reactions targeting the skin in dogs and cats. *Journal of Veterinary Internal Medicine*, 26: 863−874.

[134] Waisglass SE, Landsberg GM, Yager JA et al. 2006. Underlying medical conditions in cats with presumptive psychogenic alopecia. *Journal of the American Veterinary Medical Association*, 228: 1705−1709.

[135] Wallisch K, Trepanier LA. 2015. Incidence, timing, and risk factors of azathioprine hepatotoxicosis in dogs. *Journal of Veterinary Internal Medicine*, 29: 513−518.

[136] White SD, Brown AE, Chapman PL et al. 2005. Evaluation of aerobic bacteriologic culture of epidermal collarette specimens in dogs with superficial pyoderma. *Journal of the American*

Veterinary Medical Association, 226: 904−908.

[137] Wildermuth BE, Griffin CE, Rosenkrantz WS. 2012. Response of feline eosinophilic plaques and lip ulcers to amoxicillin trihydrate-clavulanate potassium therapy: A randomized, double-blind placebo-controlled prospective study. *Veterinary Dermatology*, 23: 110−118.

[138] Wilson AG, KuKanich KS, Hanzlicek AS et al. 2018. Clinical signs, treatment, and prognostic factors for dogs with histoplasmosis. *Journal of the American Veterinary Medical Association*, 252: 201−209.

[139] Yang C, Huang HP. 2016. Evidenced-based veterinary dermatology: A review of published studies of treatments for *Otodectes cynotis* (ear mite) infestation in cats. *Veterinary Dermatology*, 27: 221−234.

[140] Zanna G, Docampo MJ, Fondevila D et al. 2009. Hereditary cutaneous mucinosis in shar pei dogs is associated with increased hyaluronan synthase-2 mRNA transcription by cultured dermal fibroblasts. *Veterinary Dermatology*, 20: 377−382.

索引